W0263475

Die „Wissenschaftlichen Grundfragen" dienen sowohl der philosophischen Forschung wie der wissenschaftlichen Arbeit der Einzeldisziplinen. Das findet seinen Ausdruck schon in den Namen der Mitherausgeber. Die in zwangloser Folge erscheinenden Abhandlungen werden in strenger Wissenschaftlichkeit Fragen erörtern, die die Einzelwissenschaft stellen muß, die sie aber ohne methodische Besinnung auf ihre eigenen Grundlagen, also ohne wissenschaftliche Philosophie, nicht zu lösen vermag; andererseits Fragen, die der philosophischen Forschung aufgegeben sind, wo sie ihrem Begriff gemäß das Verfahren der Einzelwissenschaften untersucht. Zwar erschöpfen sich die Ziele der wissenschaftlichen Philosophie nicht in Analyse und Rechtfertigung der forschenden Wissenschaft, allein sie sind nur in stetem Bezug auf solche Rechtfertigung und Analyse zu ergreifen. In diesem Sinne werden die „Wissenschaftlichen Grundfragen" auch Probleme aus dem Bereich der ethischen, ästhetischen und religiösen Begriffsbildung behandeln.

Die „Wissenschaftlichen Grundfragen" erscheinen in zwangloser Folge. Der Umfang der Einzelabhandlung beträgt höchstens 4—6 Druckbogen. Die Abhandlungen sind einzeln käuflich. Manuskriptsendungen können nur nach Verständigung mit einem der Herausgeber entgegengenommen werden.

R. Hönigswald

WISSENSCHAFTLICHE GRUNDFRAGEN

PHILOSOPHISCHE ABHANDLUNGEN

IN GEMEINSCHAFT MIT

B. BAUCH-JENA (PHILOSOPHIE) · J. BINDER-GÖTTINGEN (RECHTSWISSENSCHAFT)
O. BUMKE-MÜNCHEN (PSYCHIATRIE) · E. CASSIRER-HAMBURG (PHILOSOPHIE)
R. HOLTZMANN-HALLE A. S. (GESCHICHTE) · H. JUNKER-LEIPZIG (SPRACH-WISSENSCHAFT) · E. KALLIUS-HEIDELBERG (VERGL. ANATOMIE) · A. KNESER-BRESLAU (MATHEMATIK) · C. SCHAEFER-BRESLAU (PHYSIK)
J. STENZEL-KIEL (PHILOSOPHIE)

HERAUSGEGEBEN VON

R. HÖNIGSWALD

BRESLAU

VIII

P. BOMMERSHEIM:

BEITRÄGE ZUR LEHRE VON DING UND GESETZ

Springer Fachmedien Wiesbaden GmbH 1927

BEITRÄGE ZUR LEHRE VON DING UND GESETZ

VON

PAUL BOMMERSHEIM

Springer Fachmedien Wiesbaden GmbH 1927

ISBN 978-3-663-15641-3   ISBN 978-3-663-16216-2 (eBook)
DOI 10.1007/978-3-663-16216-2

VORWORT

Eine Untersuchung, die eine neue Frage stellt oder eine kaum berührte Frage in den Sammelpunkt der Aufmerksamkeit rückt, kann in dreierlei Umfang Recht suchen oder beanspruchen. Sie kann erstens ihr Verdienst in dieser Aufdeckung eines Problems von Belang erblicken, auch wenn ihr noch keine sachgemäße Lösung gelingt. Man weiß ja, daß die Findung einer Frage oft wichtiger ist als der erste Versuch zu ihrer Beantwortung. Die Untersuchung kann zweitens behaupten, auch die Frage im wesentlichen schon beantwortet zu haben. Ein dritter Anspruch steht in der Mitte zwischen beiden. Er glaubt, daß mehr gegeben sei als die Frage, aber weniger als die fertige Lösung. Er glaubt, daß über die Problemstellung hinaus die Lösung schon begonnen sei, daß auch Richtiges und deshalb Bleibendes zur Beantwortung gesagt sei. Aber auf Grund von Frage und richtigem Antwort-Beginn sei noch Weiterarbeit notwendig. Vorliegende Untersuchung glaubt das Dritte von sich behaupten zu können.

Sie stellt ein in sich zusammenhängendes Gefüge von Fragen. Nach den Untersuchungen über das Wesen des Naturgesetzes, wie sie in der Logik der letzten Zeit geliefert worden sind, richtet sie den Blick auf die Arten des Naturgesetzes. Dabei sucht sie die übliche Identifikation von Kausalgesetzen und Naturgesetzen zu widerlegen. Auch die Kausalgesetze sind nur eine Art von Naturgesetzen. Mit der Frage nach Naturgesetzarten verbindet sich aber die Frage nach Eigenschaftsarten der Dinge, da diese Eigenschaftsarten ja selbst naturgesetzlich gegründet sind und ihre Klarlegung auch die Gesetzesarten zu verfolgen möglich macht. Auch in diesem zweiten Umkreis der Untersuchung wissen wir uns in der Fortsetzung jüngster logischer Erkenntnisse, wie sie besonders in der Begriffslehre Bruno Bauchs und in der Lehre von den Dingen als „Individualgesetzen" bei Hans Cornelius niedergelegt sind. Die Frage nach den Eigenschaftsarten läßt sich aber nicht lösen, ohne daß die Frage nach Strukturarten der Dinge aufgehellt ist. Denn von dem Umfassenden des Gefüges, in dem die Eigenschaft steht, erhält sie erst ihren Sinn.

Eine umfassende Darstellung der Naturgesetzarten, ihrer Verbindungen zu Eigenschaftsarten und ihres Aufbauens von Gefügearten der Dinge setzt ein entwickeltes System der Naturlogik voraus. Das soll und kann in diesen Voruntersuchungen nicht gegeben werden. Andererseits bereitet ein Eindringen in unseren Problemkreis ein solches System vor. So arbeiten wir hier an Voruntersuchungen sowohl zur Beantwortung der genannten Fragen als auch zum System der Naturlogik.

Diese Vorstudien bestehen aus drei Teilen, von denen die hier vorliegende Schrift den ersten enthält. In ihm finden die Umkreise der beiden ersten Fragen eine vorbereitende Übersicht. Wir werden dabei zu den Atomen als den grundlegenden Eigenschaftsgefügen geführt. Den Atomen wird das letzte Kapitel des ersten Teiles gewidmet sein.

Nachdem der erste Teil so „resolutiv" zu den Letztbestandteilen vorgedrungen ist, sollen die beiden anderen Teile „kompositiv" den Aufbau der Strukturen verfolgen. Der zweite Teil soll, um das hier schon anzudeuten, die anorganischen Strukturen auf ihren logischen Gehalt untersuchen. Hier wird, so weit das heute möglich ist, auf den Aufbau des chemischen Atoms, des Moleküls, des Kristalls, aber auch etwa der Gasmenge, des Haufens einzugehen sein. Der dritte Teil wird mit der organischen Struktur abschließen. In der Biologie ist im Kampf für und wider den Darwinismus und in der Vererbungslehre schon viel Arbeit über Eigenschaftsarten geleistet worden, wie man sich in den im Verzeichnis genannten Schriften von Valentin Häcker und Ludwig Plate überzeugen kann. Und durch Hans Driesch ist die Frage nach der Struktur des Organismus wieder zu einem logischen Hauptproblem geworden.

Bei der Untersuchung dieser Gegenstände wollen wir Logik treiben. Das heißt nach der einen Seite hin: Wir wollen nicht die Erkenntnistheorie weiterführen. Vielmehr sind Ergebnisse der Erkenntnistheorie vorausgesetzt und zwar die der Philosophie Kants und der objektiv eingestellten neukantischen Philosophie. Wo wir kurz auf Erkenntnistheoretisches zu sprechen kommen, sollen deshalb damit nicht schon entscheidende Begründungen gegeben werden. Vielmehr nehmen diese kurzen Erwägungen ihr Gewicht schon von der vorausgesetzten Kritik der Erkenntnis. Freilich scheint uns in der behandelten logischen Schicht Zusammenarbeit mit anderen erkenntnistheoretischen Richtungen durchaus möglich, wenn man sich gegenseitig Mühe gibt, die Sprache des anderen zu verstehen.

Bei der Untersuchung unserer Gegenstände wollen wir Logik treiben: Das heißt nach der anderen Seite hin: Wir wollen nicht theoretische Physik oder theoretische Chemie oder theoretische Biologie treiben. Vielmehr sind auch von diesen schon Ergebnisse vorausgesetzt. Wir wollen nicht diesen Wissenschaften neue Ergebnisse einfügen, sondern Ergebnisse von ihnen von einer anderen Ebene aus, nämlich der logischen, zum Objekt machen. Um die logische Struktur dieser Objekte zu bezeichnen sind wir teilweise gezwungen, für sie andere Ausdrücke anzuwenden, als sie in jenen

Disziplinen üblich sind. Aber so, wie zwischen den einzelnen Richtungen der Philosophie, so braucht auch zwischen Philosophie und Einzelwissenschaften die notwendige Sprachverschiedenheit nicht zu Sprachverwirrung zu führen.

Die Beispiele aus den Naturwissenschaften habe ich, wenn es mir möglich schien, so gewählt, daß sie von der Schulphysik oder Schulchemie zugänglich waren. Freilich war das nicht immer möglich; besonders nicht auf dem Gebiet der Atomlehre. Eine erste Einführung in dies Gebiet geben u. a. die Schriften von Auerbach, Herz, Grätz, Mie, eine erste mathematische Einführung das Werk von Arnold Eucken, grundlegend sind die Schriften von Niels Bohr und das Werk Sommerfelds.

INHALT

I. DAS PROBLEM

Die Naturwissenschaften gehen aus auf Gesetze. Dieser Satz bedarf nach der Entwicklung der Naturwissenschaften in den letzten 400 Jahren und der neueren Logik[1]) keiner besonderen Begründung mehr. Das Gesetz, das in der Naturforschung aufgedeckt wird, ist ein Allgemeines gegenüber den besonderen Fällen, die sich diesem Gesetz gemäß verhalten. Wenn der Chemiker ein bestimmtes Stückchen Natrium auf Wasser wirft, um sein Verhalten zu Wasser zu prüfen, will er nachher nicht bloß sagen können: Ich hatte einmal ein Stückchen Natrium, das sich so und so zu Wasser verhielt. Er will erkennen, wie sich das Natrium, also jedes Stück Natrium, zu Wasser verhält.

Das, was dem Allgemeinen des Naturgesetzes „gegenüber" steht, ist das Besondere, dieser besondere Eisenstab, an dem etwa die Ausdehnung beim Erwärmen untersucht wird, dieses besondere Natriumstückchen mit seiner eigentümlichen Form, mit den eigentümlichen Bahnen, die gerade es auf der Wasseroberfläche hin und her fährt usw. Für die vorwissenschaftliche Auffassung, an der wir mit unserer Problemstellung ansetzen können, ist nun dies Besondere das Ding. Der Eisenstab, das Natriumstückchen sind Dinge. Freilich werden wir sehen, welcher Umwandlung die vorwissenschaftliche Dingauffassung noch bedarf, um zu einer wissenschaftlich gültigen zu werden.

Doch sind hier zwei Arten von Besonderem zu unterscheiden. Es gibt einmal die Besonderung eines Gesetzes, die an einem Ding statt hat. Wir bezeichnen sie als Fall dieses Gesetzes. Wenn ein besonderer Körper sich eine besondere schiefe Ebene hinabbewegt, dann treten in die Gleichungen für die Bewegung auf der schiefen Ebene ganz bestimmte Werte ein. Die Gesetzes-Gleichung setzt die Endgeschwindigkeit v gleich der Quadratwurzel aus dem doppelten Produkt von Erdbeschleunigung und Höhe der schiefen Ebene: $v = \sqrt{2g\bar{h}}$. h ist ein allgemeiner Wert, insofern er die unzähligen verschiedenen Höhen bezeichnet, welche alle nur möglichen schiefen Ebenen in der Natur und im Laboratorium haben und haben können. Diesem allgemeinen h gegenüber stellt der Einzelwert $h = 50$

---

1) Vgl. die am Ende angegebenen Schriften von Cassirer, Cohen, Bauch, Liebmann, Natorp, Rickert, Windelband.

eine Besonderung dar, und der ganzen Gleichung gegenüber ist die Gleichung, in der $h = 50$ gesetzt ist, ebenso eine Besonderung.

Nun gibt es aber niemals ein bloßes „Etwas", dessen einzige Eigentümlichkeit wäre, daß es der Erdbeschleunigung unterliegt und die schiefe Ebene sich hinab bewegt. Was dies tut, ist nicht lediglich ein leeres Etwas. Es ist vielmehr ein Körper von einem bestimmten Volumen, einer bestimmten chemischen Beschaffenheit, bestimmtem optischen Verhalten usw. Es ist das, was Duns Skotus Haecceitas nannte: ein „Dieshier" in seiner ganzen Mannigfaltigkeit. Auch gibt es nichts, was nur schiefe Ebene wäre mit einer bestimmten Höhe. Auch die schiefe Ebene besteht aus Stoff, der seine chemische Zusammensetzung, seine Art der Lagerung, sein Gewicht usw. besitzt. Diese Eigenschaften kommen zwar nicht für den Inhalt des Gesetzes als Inhalte in Betracht. Aber bei der „Realisierung" des Gesetzes müssen die Bestimmungen aus dem Inhalt des Gesetzes verbunden sein mit solchen Bestimmungen, die nicht zum Inhalt des Gesetzes gehören. Das Besondere nun, das in dieser Hinsicht mehr Bestimmungen enthält als der Inhalt des Gesetzes, an dem sich aber ein Gesetz in seinem besonderen Fall realisiert, nennen wir das Ding. In diesem Sinn nennen wir die besondere Kugel, welche eine besondere schiefe Ebene hinabrollt, und ebenso diese Ebene selbst Dinge. Freilich ist damit der Dingbegriff noch keineswegs geklärt. Vielmehr sind wir erst unserer Problemstellung ein wenig näher gekommen.

Um den Gegensatz von Ding und Gesetz in bezug auf die Zahl von Bestimmungen noch schärfer zu formulieren: Das Ding besitzt mehr Bestimmungsarten als das Gesetz, von dem ein Fall an ihm realisiert ist. Es besitzt auch mehr Bestimmungsarten als dieser Fall selbst. Als wir von der chemischen Beschaffenheit, dem optischen Verhalten usw. der Kugel sprachen, bezeichneten wir ja damit Arten von Bestimmungen, die dem Fallgesetz der schiefen Ebene und auch einem Fall dieses Gesetzes nicht angehören. Innerhalb seiner Bestimmungsart umfaßt aber das Gesetz eine größere Zahl von Einzelbestimmungen dieser Art, als im Fall und deshalb auch am Ding realisiert sind. So gilt, wie wir sahen, das Gesetz für alle Höhen, welche je eine schiefe Ebene haben kann. Aber eine einzelne konkrete schiefe Ebene besitzt natürlich nicht alle diese Höhen.

Die Unterscheidung von Fall und Ding als zwei Arten des Besonderen ist nicht identisch mit einer Unterscheidung von zwei logischen Schichten im Besonderen, welche Bruno Bauch aufgestellt hat.[1]) Vielmehr sind beide Unterscheidungen sich kreuzend aufeinander bezogen. Bauch unterscheidet am Besonderen zweierlei: Erstens das, worin es mit anderen Be-

---

1) Vgl. Bauch, Wahrh. S. 390ff., Natges. passim.

sonderen übereinstimmt, mit ihnen konvergiert auf ein ihnen gemeinsames Allgemeines; zweitens das, worin es sich von jedem Besonderen unterscheidet, von jedem divergiert. Insoweit es mit anderen Besonderen übereinstimmt, wird es von Bauch Einzelnes genannt, insoweit es von ihnen divergiert Besonderes (im engeren Sinne).

Vergleichen wir die Bauchsche Unterscheidung und die unsrige, so zeigt sich, daß sowohl im Fall als auch im Ding Einzelnes und Besonderes (nun immer im engeren Sinne Bauchs) unterschieden werden müssen. Ein Fall ist insofern Einzelner, als er mit allen andern Fällen desselben Naturgesetzes in den allgemeinen Werten dieses Gesetzes übereinstimmt. Bei jedem Fall von Bewegung auf der schiefen Ebene sind v, g, h vorhanden und stehen in der durch das Gesetz bezeichneten Relation. Insofern sind alle diese Fälle Einzelne. Andererseits divergieren sie in den Werten, welche die Höhe der Ebene annimmt; insofern sind sie Besondere. Dieselbe Unterscheidung von Konvergenz und Divergenz gilt nun auch für die Dinge. Alle Dinge, welche sich die schiefe Ebene hinab bewegen, müssen ein Volumen haben. Der Volumenbesitz ist ihnen gemeinsam. Insofern sind sie Einzelne. Aber das Volumen kann sehr verschieden sein. Insofern sind sie Besondere. Der Fall stellt also ein Strukturgefüge von Einzelnem und Besonderem dar. Und ebenso stellt das Ding ein Strukturgefüge von Einzelnem und Besonderem dar. Gerade diese Verbindung der Bauchschen Unterscheidung mit der unsrigen wird uns gleich von Nutzen sein.

Wir stellten das besondere (nun wieder im weiteren Sinn) Ding dem allgemeinen Gesetz gegenüber und sagten, daß die Naturwissenschaften auf allgemeine Gesetze ausgehen. Damit ist nicht gesagt, daß die Naturwissenschaften sich von den besonderen Dingen trennen und beziehungslos zu ihnen werden. Nicht nur, daß sie von den besonderen Dingen ausgehen und an ihnen ihre Untersuchungen anstellen. Nicht nur, daß die allgemeinen Gesetze nur Sinn haben in bezug auf das Besondere, das sie bestimmen und zu dessen Erklärung sie uns deshalb dienen. Die Naturwissenschaften kehren auch, nachdem sie die allgemeinen Gesetze erkannt haben, wieder zu den besonderen Dingen zurück.

Diese Rückkehr zu den Dingen geschieht auf mannigfachen Wegen. Sie vollzieht sich auf dem der Nachprüfung. Ist durch ein Experiment mit einem besonderen Ding oder einem Komplex besonderer Dinge ein Naturgesetz erkannt worden, so gilt es nachzuprüfen, ob keine Versuchsfehler unterlaufen sind. Oder es ergeben sich aus dem Gesetz theoretische Folgerungen und diese Folgerungen werden durch Versuche an Dingen kontrolliert. Weiter gibt das Lehren wieder Verbindung mit dem Besonderen, indem dem Schüler die Erkenntnisse an den Naturobjekten selbst vermittelt werden.

Vor allem aber vollzieht sich die Wendung von den Gesetzen zu den Dingen in den angewandten Naturwissenschaften, so in der Technik.[1]) Eine zukünftige Logik der Technik wird gerade dies Moment genauer beachten und entwickeln müssen. Der Techniker stellt auf Grund seines Wissens von allgemeinen Gesetzen besondere Dinge dar. Er baut etwa auf Grund seines Wissens von der Umsetzung der Wärme in Bewegungsenergie, von der Wärmeleitung, von der Höhe der Schmelzpunkte von Metallen, von dem Gasdruck usw., also auf Grund seines Wissens von allgemeinen Naturgesetzen seine besondere Maschine. Logisch interessant ist hier die Serienfabrikation. Der Techniker konstruiert hier einen Typus und die Maschinen stellen in großen Mengen Exemplare dieses Typus her. Er entwirft etwa das Modell einer Schraube, und nach diesem Modell werden Tausende von Schrauben gedreht. Um das logisch zu verstehen, müssen wir auf die Verbindung unserer Unterscheidung mit der Bauchs zurückblicken. Das einzelne Exemplar einer solchen Serie ist offenbar nicht bloß Fall eines Naturgesetzes; es hat die ganze komplexe Fülle von Eigenschaften, die ein selbständiges reales Bestehen, nicht bloß ein Bestehen an Anderen (wie wir das beim Fall sahen) möglich machen; es ist also ein Ding. Aber es stimmt in außerordentlich hohem Maße mit anderen Dingen überein. Nur relativ geringe Unterschiede bestehen zu ihnen. Das heißt aber: die logische Schicht, in der es mit anderen konvergiert, ist außerordentlich groß, die logische Schicht, in der es von ihnen divergiert, ist sehr klein. Es ist in hohem Maße ein Einzelnes, in geringem Maße ein Besonderes. Auch im Exemplar der Serie schafft also der Techniker oder läßt er schaffen auf Grund seiner Gesetzeskenntnis ein Ding, und zwar ein vorwiegend einzelnes Ding. Der Gegenpol zu dieser Fabrikation des Einzelnen liegt in der technischen Konstruktion des Dinges aus allgemeinen Gesetzen dort, wo die Besonderheit ein größeres Ausmaß besitzt als die Einzelheit. Das ist etwa bei einem Brückenbau der Fall. Die eigentümlichen Anforderungen, die an eine besondere Brücke gestellt werden, die eigentümlichen Verhältnisse des Untergrunds, der Wasserströmung usw. bedingen ein Werk von großer Besonderheit. Hier besteht ein viel höheres Maß der Divergenz von seinesgleichen als etwa zwischen zwei Schrauben derselben Art. Mag nun die Konvergenz oder die Divergenz stärker sein, in beiden Fällen handelt es sich um die technische Wendung von den allgemeinen Gesetzen zu den Dingen.

Die Wendung zum Vollbesonderen vollzieht auch die Biologie dort, wo sie angewandt wird. So etwa im Gartenbau, in der Landwirtschaft, so auch in der Medizin. Auch die Medizin sucht ihre Grundlagen im

---

1) Vgl. hierzu auch Zschimmer, S. 91 ff.

Allgemeingesetzlichen. Ohne dies Allgemeingesetzliche stünde sie auch dem einzelnen Patienten hilflos gegenüber. Denn seine Krankheit erkennen, heißt: sie als besonderen Fall von einer Krankheit betrachten, die auch in anderen Fällen vorkommt und dort studiert worden ist. In seiner Krankheit kann dem Patienten nur geholfen werden, wenn man die allgemeine Wirkung der betreffenden Heilmittel kennt, also ebenfalls auf Grund allgemeiner Gesetze. Dennoch ist Gegenstand der ärztlichen Behandlung ein Vollbesonderes, nämlich dieser besondere Patient. Die eigentümlichen Verbindungen, in welchen sich allgemeine Krankheitsbestimmungen gerade in diesem Patienten finden, die besonderen Ausmaße der Symptome gerade in diesem Falle, die besondere Vorgeschichte des Kranken usw. sollen hier erkannt werden. Und auf Grund dieses Wissens um dieses einmalige besondere Ganze sollen nun Heilmittel angeordnet werden; und diese Anordnung soll wieder auf Grund des Wissens um allgemeine Gesetze der Heilwirkung für dieses besondere Ganze, im logischen Sinn für dieses Ding selbst besondert sein.

Ein Näherkommen in der Richtung auf die Dinge ist freilich schon innerhalb der rein naturgesetzlichen Wissenschaften bemerkbar. Im Beispiel von der schiefen Ebene enthielt das Gesetz nur wenig Bestimmungsarten des Dings. Die meisten Eigenschaften des bewegten Körpers lagen — wie wir sahen — außerhalb des Gesetzesinhalts. Nun läßt sich allgemein sagen: Je mehr Bestimmungsarten ein Gesetz enthält, um so näher kommt es den besonderen Dingen. Denn um so weniger Dingeigenschaften liegen außerhalb des Gesetzesinhalts. Freilich wird damit der Unterschied zwischen Ding und Gesetz nicht verwischt. Das Gesetz verbleibt in seiner Allgemeinheit, das Ding in seiner Besonderheit.

Diese Anreicherung von Bestimmungen im Gesetzesinhalt geschieht nun der Physik gegenüber in der Chemie. Das Grenzgebiet der physikalischen Chemie bringt zwar Gesetze von der gleichen Beziehung auf den Fall, der am Ding besteht, wie die Physik. Erst in der — wenn das Wort erlaubt ist — chemischen Chemie, d. h. dort, wo die Chemie den gerade ihr eigentümlichen Problemen nachgeht, wo sie Lehre von den Eigenschafts-Zusammenhängen der einzelnen Stoffe und von den stofflichen Veränderungen ist, erst dort beginnt ein neuer Gesetzestypus. Wo etwa von allen Eigenschaften des Dings in der physikalischen Gleichung nur das g enthalten war, stehen in der chemischen Gleichung Größen wie Na, H_2, SO_4. Das Na, das in der chemischen Gleichung steht, bedeutet ja die gesamten physikalischen und chemischen Eigenschaften des Natriums. Vollzogen sich die physikalischen Vorgänge nur an dem Ding, so vollziehen sich die chemischen Vorgänge mit dem Ding. War an dem physikalischen Vorgang nur eine Seite des Dings beteiligt, so ist an dem chemischen Prozeß das ganze Ding beteiligt. Zwar besteht auch hier noch der Unterschied zwischen allgemeinem Gesetz und Besonderem. Wir machten den Unterschied ja selbst oben deutlich an dem besonderen einmaligen Natriumstückchen, das aufs Wasser geworfen wird, und dem Gesetz für das Verhalten des Natriums zu Wasser, das für jedes Natriumstückchen gilt. Aber es schwindet für die chemisch-stofflichen Veränderungen der Unterschied zwischen Fall und Ding. Das Besondere, das unter dem Gesetz steht, ist ein dingliches Besonderes in seiner Fülle. In diesem dargelegten Sinne ist es richtig, wenn Cassirer (Subst. S. 271) schreibt: „Die Physik hat es doch zuletzt nur scheinbar mit Dingbegriffen zu tun; denn ihr Ziel und ihr eigentliches Gebiet bilden die reinen Gesetzesbegriffe. Die Chemie erst stellt das Problem des Einzeldings in aller Entschiedenheit in den Vordergrund. Die besonderen Stoffe der empirischen Wirklichkeit und ihre besonderen Eigenschaften sind es, die hier den Gegenstand der Frage bilden." Gewiß kann hier nicht gemeint sein, daß Einzelding und besonderer Stoff identisch seien, da ja der letztere in vielen Einzeldingen besteht. Vielmehr kann der Sinn nur der sein: weil das Einzelding in seinem ganzen Umfang dem Gesetz seines Stoffes untersteht und weil dies Gesetz Gegenstand der Frage für den Chemiker ist, deshalb wird hier „das Problem des Einzeldings in aller Entschiedenheit in den Vordergrund gestellt".

In manchem ähnlich, wenn auch nicht gleichartig, sind die Beziehungen von Ding und Gesetz in der Biologie. Man könnte bei einem ersten Blick versucht sein zu meinen: In der Biologie geschehe eine noch größere Annäherung an das besondere Ding. Die Inhalte, welche im biologischen Gesetz in Abhängigkeit voneinander gesetzt werden, sind ja noch komplizierter als die Inhalte der chemischen Gesetze. Von den physikalischen zu den chemischen zu den biologischen Gesetzen besteht eine Reihe steigender Komplikation. Man könnte nun meinen, das sei auch eine Reihe zunehmender Annäherung an das besondere Ding. Das wäre aber ein Irrtum. Chemie und Biologie stehen ihren besonderen Dingen gleichnah. Nur sind die besonderen Dinge der Biologie selbst komplizierter als die der Chemie. Nur in einem Grenzgebiet läßt sich von verschiedenem Nahekommen an den ganzen Umfang des gleichen Dings sprechen. Das ist in der Biochemie. Hier enthält das chemische Gesetz weniger Bestimmungen seines biologischen Gegenstandes als ein biologisches Gesetz dieses Gegenstandes. Ein biologisches Vererbungsgesetz umfaßt etwa seinen Gegenstand vollständiger als ein Gesetz für die Reaktion zwischen zwei chemischen Verbindungen, die in einer Zelle vorkommen. In seinem außerbiologischen Geltungsbereich steht ein chemisches Gesetz seinem Gegenstand genau so nah, wie ein biologisches dem seinen.

Ja ein einzelnes chemisches Gesetz bildet sogar eine umfassendere Grund-

lage seines Stoffs als es das biologische Gesetz für den Organismus in der
Regel ist. Gerade durch die hohe Komplikation des biologischen Gegenstandes entsteht hier eine Distanz zwischen Gesetz und Ding. An den
biologischen Gegenständen verlaufen Vorgänge spezifisch biologischer Art,
etwa Vorgänge der Zellteilung. Und diese Vorgänge sind innerhalb gewisser
Grenzen unabhängig von anderen Vorgängen am selben Gegenstand. So
ist der Großteil biologischer Gesetze bestimmend für Teilvorgänge am
Lebewesen. Dagegen bestimmen die spezifisch chemischen Gesetze nicht
Teilvorgänge an einem stofflichen Ding, sondern die Umwandlungen stofflicher Dinge in andere. Insofern umfaßt ein einzelnes derartiges chemisches
Gesetz sein Ding in einem größeren Umfange als ein biologisches Partialgesetz das seine. Dennoch bedeutet auch das biologische Partialgesetz eine
Wendung zur dinglichen Besonderheit gegenüber dem allgemeinen physi-
kalischen Gesetz.

Die Naturwissenschaften gehen aus auf Gesetze. So hatte auch die Logik
der Naturwissenschaften die Aufgabe, das logische Wesen des Gesetzes im
allgemeinen und das des Naturgesetzes im besondern zu erforschen. Und
so hat die Logik der neuen und neuesten Zeit einen guten Teil ihrer Arbeit
auf die Erfüllung dieser Aufgabe gewandt. Freilich hatte sie daneben und
im Zusammenhang damit auch die Aufgabe der logischen Erforschung des
besonderen Dings. Selbst, wenn die Naturwissenschaften nicht mehr die
dargestellte Rückwendung zu den Dingen vollzögen, bliebe für die Logik
das Problem des Besonderen. Nur wäre das dann kein Problem der Logik
der Naturwissenschaften, sondern ein Problem der Logik anderer Bereiche
und deren Beziehung zu den Naturwissenschaften. So aber, wo das Ding
auch seine Stelle in den Naturwissenschaften selbst hat, gehört es auch zur
Logik der Naturwissenschaften.

Diese Zweidimensionalität in der Logik der Naturwissenschaften ist
schon bezeichnet in der Philosophie Kants. Wenn dort „Natur" definiert
wird als „Dasein der Dinge, sofern es nach allgemeinen Gesetzen bestimmt
ist", so sind Ding und Gesetz unterschieden und in dieser Unterschiedenheit aufeinander bezogen. Aus dieser Zweieinheit in der Natur mußte sich
auch eine doppelte Problemstellung ergeben: das Problem des allgemeinen
Gesetzes und das des besonderen Dings. Diese Gedoppeltheit spricht sich
schon darin aus, daß zwei der Kritiken sich mit der Natur befassen. Die
„Kritik der reinen Vernunft" untersuchte vorwiegend (wenn auch keineswegs
ausschließlich) das Problem des Allgemeinen. Das Besondere ist Gegenstand
der zentralsten der Kritiken: der „Kritik der Urteilskraft". Und es ist
charakteristisch, daß Kant gerade von der Biologie aus das Problem des
Besonderen aufwarf. Als W i n d e l b a n d auf diese zentrale Bedeutung der
dritten Kritik hinwies, war damit auch einer neueren Untersuchung des

Besonderen der Weg gewiesen.[1]) Als B a u c h von dieser Kritik der Urteilskraft **her** K a n t zu verstehen unternahm, mußte er gerade diesem Thema
eine ausführliche Untersuchung widmen.

Noch von einer anderen Seite der Kantischen Philosophie her mußte das
Problem des Dings akut werden. Kant hatte unerkennbare „Dinge an
sich" angenommen. Damit hatte er sich in Widersprüche begeben, die an
dieser Stelle nicht darzustellen sind. Wollte man unter Abschälung des
Irrtümlichen zum wahren Kern dieser Lehre kommen, traf man auf das
Problem des besonderen Dings. Das haben besonders B a u c h und C o r -
n e l i u s getan, ersterer durch die Einsicht in die Notwendigkeit eines „logischen Einheitsgrundes der besonderen Erscheinung" (Kant S. 464),
letzterer durch Bestimmung der Dinge als „Individualgesetze" (S. 195ff.).

Wenn wir im Ding die volle Besonderheit erblicken, so müssen wir freilich den Dingbegriff, der sich dabei ergibt, klar herausstellen und unterscheiden von vorwissenschaftlichen Dingauffassungen und den Dingauffassungen vorangehender Stadien der Wissenschaft.

Wir können bei der Kritik der Dingauffassungen ausgehen von der sub-
stantialistischen Auffassung, welche die beginnende Naturwissenschaft der
Neuzeit vorfand. Nach dieser Meinung, die in letzter Linie auf A r i s t o -
t e l e s zurückgeht, ist das Ding ein Träger von Eigenschaften. Es ist eine
Substanz, welche die Eigenschaften als Akzidentien an sich hat. Von hier
aus gelangt man — systematisch betrachtet — in zwei Stufen zu der An-
sicht, welcher unserer heutigen Erkenntnislage entspricht und im folgenden
näher untersucht werden soll.[2])

Die erste Stufe ist die A u f h e b u n g d e r D i n g s u b s t a n z. Wenn man
alle Eigenschaften des Dings wegdenkt, kommt man da zu einem Träger
dieser Eigenschaften? Weder Sinne noch Naturwissenschaften können
dann noch etwas feststellen. Zwar kennen Naturwissenschaften und Philosophie — wie wir gleich sehen werden — noch etwas Anderes als die bloßen
Eigenschaften. Aber sie können kein „Ding" anerkennen, das haltend
hinter den Eigenschaften steht. Das Ding scheint zunächst nichts anderes
zu sein als der Inbegriff dieser Eigenschaften. Dann muß freilich noch ge-
prüft werden, was hier „Inbegriff" bedeutet und wie weit das Scheinen zu
Recht besteht. Für alle Fälle ist sicheres Ergebnis dieser Stufe der Kritik,
daß das Ding keine reale Substanz neben den Eigenschaften ist.

Das Feste und Gesicherte der ersten Stufe scheinen die Eigenschaften
zu sein. Dagegen ergibt sich auf der zweiten Stufe der Kritik eine S c h e i -

---

1) Gesch. S. 155 spricht W i n d e l b a n d vom „eigentlich entscheidenden und
vollendenden Prinzip der Kantischen Philosophie".

2) Vgl. ausführlicher zum folgenden auch B a u c h s Aufsatz „Die Analysis des
Substanzproblems und die logische Skala der Standpunkte" in Stud.

dung der Eigenschaften. Wir können hier Bezeichnungen von Cornelius (S. 199) verallgemeinern und von Dingeigenschaften und Erscheinungseigenschaften sprechen. Zu letzteren gehört dann, was
Cornelius „Erscheinungsform" und „Erscheinungsfarbe" nennt. Zu den
Erscheinungsformen gehören z. B. die verschiedenen perspektivischen An-
sichten, die ein Gegenstand je nach dem Standpunkt des Betrachters ihm
bietet. Zu den Erscheinungsfarben gehören die Farbänderungen, die von
der Stärke und Farbe des Lichtes abhängen, in dem sich der Gegenstand
befindet. Im Gegensatz dazu ist die Dingform jene, die ohne perspekti-
vische Veränderung erblickt wird, ist die Dingfarbe jene, an welcher die
Nuancierungen verschiedenartiger Beleuchtung auftreten. Die Erscheinungseigenschaften sind keineswegs unwirklich. Sie sind vielmehr wirklich als Relationen des Dings auf andere Faktoren, sei es nun der Standpunkt des Beobachters oder die Art der Beleuchtung. Sie hängen keineswegs bloß von diesen anderen Faktoren ab, sondern auch von den Dingeigenschaften. Hat ein Gegenstand als Dingeigenschaft eine quadratische
Begrenzungsfläche, ein anderer eine dreieckige, dann erscheinen sie demselben Beobachter unter demselben perspektivischen Anblick verschieden,
weil sie dinglich verschieden sind. Der Wechsel der Erscheinungseigenschaften bedeutet keinen Wechsel am Ding selbst. Erst die Dingeigenschaften gehören dem Ding selbst an. Wir werden deshalb in der
folgenden Untersuchung nur von Dingeigenschaften reden.

Wir sagten eben: „Die Dingeigenschaften gehören dem Ding selbst an."
Auch dieser Satz erweist sich noch sehr bedürftig der Kritik. Und dieser
Kritik unterliegt er in zwei Richtungen. Jene Dingeigenschaften gehören
dem Ding nur an unter bestimmten Weltbedingungen, unter denen es sich
befindet. Ändern sich diese Bedingungen, so ändern sich seine Eigenschaften. Charakteristisch für ein Ding sind nicht ohne weiteres seine
Eigenschaften; bezeichnend für es sind vielmehr die Eigenschaften, die
es unter bestimmten Bedingungen hat. Damit erweisen sich auch die Dingeigenschaften als Relationen. Nur sind dies keine Relationen auf den
Standpunkt des Beobachters oder auf das Medium, durch das es betrachtet
wird, also keine Relationen auf die wechselnden Situationen des Subjektes;
vielmehr sind es Beziehungen auf andere Objekte. So kann man unter
diesem Gesichtspunkt nicht sagen: „Die Blätter der Pflanzen haben grüne
Farbe." Vielmehr muß es heißen: „Die Blätter der Pflanzen haben grüne
Farbe, wenn sie Sonnenlicht erhalten und wenn noch bestimmte andere
Bedingungen erfüllt sind. Sie sind bleich, wenn sie kein Sonnenlicht be-
kommen usw." Damit wird die Dingeigenschaft zu einem Relationsergebnis. Wir können sagen: sie wird objektbezogen relativiert. Diese
Relativierung bedeutet keineswegs eine Nichtig-Erklärung. Dadurch, daß

die Dingeigenschaft Ergebnis einer Relation wird, untersteht sie dem Gesetz dieser Relation. Relativierung bedeutet also Legalisierung. In dieser Legalisierung wird die Wirklichkeit der Eigenschaft gerade im Gesetz begründet. Charakteristisch für das Ding ist dann, welchen Relationsgesetzen es gehorcht.

Zu ähnlichem Ergebnis führt eine weitere Überlegung. Anfangs sahen wir, wie die Erscheinungseigenschaften abhängig sind von den verschiedenen Situationen der Subjekte. Nun zeigt es sich, daß die Dingeigenschaften auch schon durch Relationen auf die Subjekte begründet sind, diesmal freilich nicht auf die wechselnden Betrachtungslagen, sondern auf den dauernden Bestand der Subjekte. Wir meinen die „Zurückführung" der sinnlichen Qualitäten in der Physik. Auch die Dingfarbe „Grün" ist als Farbe schon Ergebnis der Beziehung auf die Subjekte, Wirkung der Lichtwellen. Auch in dieser Hinsicht erweist sich die Dingeigenschaft als Relationsergebnis. Sie wird subjektbezogen relativiert. Auch dies bedeutet nicht, daß die so relativierten Eigenschaften nun dadurch als unwirklich erklärt werden sollen. Cornelius hat mit Recht diesen Irrtum bekämpft (S. 235 ff.). Gerade durch diese Relativierung werden die Eigenschaften legalisiert und damit in ihrer Wirklichkeit erst recht begründet.

Wenn wir so die Dingeigenschaften, die wahrnehmbar sind, als Relationsergebnisse ansehen, fragt es sich, was denn in den Dingen für Relationsglieder sind, welche diesen Relationsergebnissen zugrunde liegen. Aber da werden wir zu ähnlichen Ergebnissen geführt. Gewiß können wir sagen, daß z. B. Sprünge von Elektronen die Spektralfarben eines Gases bedingen. Aber auch die Eigenschaften solcher Elemente des Dinges sind, wie sich später noch genauer ergeben wird, durch Relationen legalisiert.

Wir kommen zu dem Ergebnis: Dingliche Eigenschaft ist Bestimmtheit des Dings durch ein bestimmtes Gesetz. Nun wird deutlicher, was das Ding als „Inbegriff der Eigenschaften" ist. Das Ding ist ein Komplex naturgesetzlicher Bestimmtheiten. Das Ding wird nun dadurch charakterisiert, welche verschiedenen Gesetze zu seiner Bestimmung sich verbinden.[1])

Aber auch als „Komplex" naturgesetzlicher Bestimmtheiten ist das Ding noch nicht scharf genug bezeichnet. Der Begriff „Komplex" muß erst noch

---

1) Vgl. hierzu und zum folgenden Bauch, Stud. S. 249. Einen anderen Grund für die Relativierung der Dingeigenschaften hat Rickert klargestellt (Grenz. S. 68 f.): „Jeder Begriff von empirisch anschaulichen Dingen bezieht sich noch auf eine unübersehbare Mannigfaltigkeit. Es steckt also darin etwas, das nur hingenommen, nicht in seiner naturgesetzlichen Notwendigkeit erfaßt werden kann." Erst in der Überführung der Dingbegriffe in Gesetzesbegriffe kann diese unübersehbare Mannigfaltigkeit überwunden werden.

um eine Stufe klarer werden. „Komplex" könnte besagen, daß in der Bestimmung des Dings Naturgesetze nur „zusammen geraten". Die Naturgesetze stünden selbst dabei in keiner Beziehung untereinander. Entsprechend wären dann auch ihre naturwirklichen Bestimmtheiten nur „zusammen geraten". Es wäre kein Grund einzusehen, weshalb gerade sie zusammen sind und nicht ganz andere. Sie würden genau so von ungefähr auseinander geraten, wie sie zusammen geraten sind. Es wäre bei der Unzahl von Bestimmtheiten in der Natur sehr unwahrscheinlich, daß sie so einmal alle wieder zusammen träfen. Aber schon der Augenschein zeigt, daß dem nicht so ist. Die relative (wenn auch durchaus nicht absolute) Konstanz des Dinges zeigt, daß seine Bestimmtheiten nicht so ohne weiteres auseinander geraten. Die häufige Wiederkehr derselben Dingart zeigt an, daß hier mehr als ein bloßes Zusammentreffen von verschiedenen Gesetzesfaktoren statthat. Und die genauere logische Analyse, wie sie im folgenden unternommen werden soll, bestätigt diesen Augenschein und diese Anzeichen.

Für das Ding bestimmend ist also nicht nur eine Mehrheit von Naturgesetzen, sondern auch ein Anderes, welches diese Mehrheit von Gesetzen zur Konstitution des Dinges selber gesetzmäßig zusammenfügt. Dies Andere ist also ein Gesetz von Gesetzen oder Gesetz für Gesetze. Dies Andere ermöglicht also durch die Beziehung von Gesetzen aufeinander das Vollbesondere. Die Gesetze sind funktionelle Glieder dieses Anderen. Und dies Andere ist die Allheit der Bedingungen für das Besondere. Nun nennen wir mit B a u c h die Allheit der Bedingungen für das Besondere den Begriff dieses Besonderen.[1] Demnach können wir nun **das Ding definieren als begrifflich bestimmten Komplex naturgesetzlicher Bestimmtheiten.**[2]

Es ist hier nicht unnötig, noch einmal darauf hinzuweisen — was man in den genannten Schriften B a u c h s genauer nachlesen kann — daß „Begriff" hier nicht so viel heißt wie „unser Begriff", wie „der von uns gebildete Begriff". Was wir hier in der Terminologie des kritischen Idealismus Begriff nennen, ist das, was von uns Menschen und unserem menschlichen Denken ganz unabhängig eine Mehrheit von Gesetzen zur Bestimmung eines Dinges verbindet. Unsere menschlichen „Begriffe" suchen nur

---

1) Vgl. B a u c h , Natges. S. 33f., Wahrh. S. 287f.

2) Vgl. C o r n e l i u s , Selbstdarst. S. 96: „Das Ding ist nicht die Summe, sondern das Gesetz seiner Erscheinung." — Wir können an die Unterscheidung von „Maßbegriffen und Dingbegriffen" bei C a s s i r e r (Zur Relat.) anknüpfen und sagen: Dingbegriffe sind uns hier nicht die Dingbegriffe der „naiven Weltansicht", noch auch die Maßbegriffe der auf allgemeine Gesetze ausgehenden Naturwissenschaft, sondern Gefüge von Maßbestimmtheiten durch jene Maßbegriffe.

diesen objektiven Begriff nachzubilden, d. h. durch psychologische und sprachliche Vorgänge auf ihn hinzuweisen, ihn und seine Verhältnisse psychologisch klar bewußt und mitteilbar zu machen.

Mit dieser Definition des Dinges sind wir vor das Tor zu dem Problem dieser Schrift getreten. Der Begriff verbindet die Naturgesetze, die er in sich umfaßt, zur Ermöglichung des Dinges. Die Naturgesetze liegen im Begriff nicht wirr durcheinander. Vielmehr sind sie gesetzlich geordnet. Sie bilden im Begriff des Dinges eine Struktur. Damit ergibt sich unsere Frage: Zu welcher Struktur sind die Naturgesetze im Begriff des Dinges verbunden? Die Frage nach der Struktur des Begriffes ist aber in dieser Hinsicht dieselbe wie die Frage nach der Struktur des Dinges. Denn der Begriff schreibt seine Struktur dem Ding vor. Wie wir vorliegende Schrift „Ding und Gesetz" nannten, so hätten wir sie also auch „Begriff und Gesetz" nennen können.

Bredig hat (S. 4) in einem glücklichen Vergleich „von der Gefügelehre oder Anatomie der Materie und von der Kräftelehre oder Physiologie der Materie" gesprochen. Dazu ist zu ergänzen, daß beide — wie im Organischen — zusammengehören in einer physiologischen Anatomie. Diese physiologische Anatomie der Körper hat nun zwei Teile, einen logischen und einen naturwissenschaftlichen Teil. Der erstere untersucht die logische Struktur dieser Körper, was er natürlich nur aus Kenntnis des zweiten Teiles vermag; der letztere untersucht die empirische Struktur dieser Körper, wobei er jenen ersten Teil bewußt oder implizite voraussetzt. Unsere Aufgabe sind also hier Voruntersuchungen zum logischen Teil der physiologischen Anatomie der Dinge.

Nun bilden in einer Struktur die Elemente keine gleichförmige Masse. Vielmehr sind sie gegliedert. Manche Elemente sind miteinander näher verbunden, mit anderen ferner. Manche Elemente sind einander gleichgeordnet. Manche sind einander nachgeordnet usw. Nach einer Struktur forschen heißt also forschen, aus welchen Gliedern sie besteht und welche Beziehungen diese Glieder zueinander besitzen. Wenn wir nach der Struktur eines Dinges fragen, kann also die Absicht nicht auf ein Herzählen der Eigenschaften gehen. Es kommt darauf an, zu erkennen, welche Stelle im Ganzen die einzelne Eigenschaft hat, welchen Ort — im weitesten Sinne — sie einnimmt. Wenn nun die Dinge in ihrer Struktur nicht schlechthin verschieden voneinander sind, sondern einander ähnlich, so muß es bestimmte „Orte" in der Struktur geben, die bei den verschiedensten Dingen wiederkehren und die überall von den entsprechenden Eigenschaften eingenommen werden. D. h.: die Glieder der Struktur werden Eigenschaftsarten sein. Die Eigenschaften mögen von Ding zu Ding wechseln, so kann dennoch ihre Art konstant bleiben. Wenn wir also nach der

Struktur der Dinge fragen, müssen wir nach ihren Eigenschaftsarten fragen. Auch hier kann uns an einer bloßen Aufzählung von bloßen Eigenschaftsarten nichts liegen. Wir werden jede Art von ihrer Stellung in der Gesamtstruktur her betrachten und erkennen müssen. So können wir das Ding anschauen als eine streng gefügte und gegliederte Architektur.

Nun hatten wir aber die Eigenschaft als naturgesetzliche Bestimmtheit erkannt. Wir müssen also die Eigenschaftsarten, wenn wir sie feststellen können, beziehen auf Naturgesetze. Wir müssen den Aufbau aus seinen Eigenschaftsarten von seiner Gegründetheit auf Naturgesetze her zu erfassen trachten.

Oben wiesen wir schon darauf hin, daß gerade die angewandten Naturwissenschaften auf das Besondere gerichtet sind. So ist denn das Grundproblem, das diese Voruntersuchungen zwar noch nicht in allen Richtungen lösen sollen, dessen Lösung sie aber vorbereiten sollen, ein Grundproblem für eine Logik der Technik. Wir mögen hier in der Logik teilweise andere Termini anwenden müssen als der Techniker. Aber das von uns von logischer Seite her Bezeichnete ist dennoch im technischen Denken und Tun implizite enthalten. Wenn wir das Wort „Eigenschaft" im dargelegten Sinne anwenden, so müssen wir etwa bei einer Maschine unterscheiden: erstens Materialeigenschaften, zu denen z. B. Festigkeitsgrad und Schmelzpunkt des Materials gehören, und zweitens Konstruktionseigenschaften, deren Urheber der bauende Mensch ist, zu denen etwa die Radiusgröße eines Schwungrads oder die Lagerung der Teile zueinander gehört, und drittens die Funktionseigenschaften wie etwa die Geschwindigkeit. Die drei Eigenschaftsgruppen gehören eng zusammen. Die Leistung hängt ab von der Konstruktion, und beiden gemäß muß das Material gewählt sein. Technisch grundlegend ist der Eigenschafts-Begriff der Leistungsfähigkeit, von dem aus sich positive und negative Eigenschaften gegenüberstehen. Es ist nicht unsere Absicht, in diesen Voruntersuchungen schon eine Logik der Technik im angedeuteten Sinne zu liefern. Doch sollte darauf hingewiesen werden, wie in der Fortsetzung unseres Problemkomplexes Grundfragen für eine Logik der Technik liegen.

Entsprechendes ist auch von einer Logik der Medizin zu sagen. Wohl ist jeder Gegenstand der Naturwissenschaften ein besonderes Gefüge aus gesetzlich basierten Eigenschaftsarten, aber gerade die Medizin ist im Biologischen erkennend und tätig auf dies Besondere gerichtet. Der Mediziner muß Arten von Eigenschaften unterscheiden, z. B. solche, die Krankheitssymptome sind, und solche, die das nicht sind, solche die ererbt sind, und solche, die erworben sind. Er muß weiter Beziehungen zwischen den Eigenschaftsarten aufsuchen, z. B. die Abhängigkeit der Krankheitserscheinungen von den Dispositionen, der verschiedenen

Krankheitserscheinungen voneinander, denen einer Nachkrankheit von einer Krankheit (sog. Syntropieen von Krankheiten). Begriffe wie „Anlage", „Disposition" bezeichnen im strengen Sinne keine medizinisch feststellbaren Eigenschaften als solche, sondern die Beziehungen zwischen medizinisch prinzipiell aufweisbaren Eigenschaften und anderen (möglichen oder wirklichen) davon abhängigen. Der Mediziner muß aber die Gesetze für diese Eigenschaftsarten und diese Beziehungen von Eigen-schaftsarten erkennen, um dadurch den besonderen Patienten behandeln zu können. Sein Gebiet ist also konstituiert durch das Gebiet der Logik, dessen Erforschung wir hier anbahnen wollen.

In dieser Beziehung der Eigenschaftsarten auf die Naturgesetze lassen sich nun vor einer genaueren Untersuchung drei Möglichkeiten unterschei-den. Entweder kann es entsprechend den Arten von Eigenschaften auch Arten von Naturgesetzen geben. Oder es bestehen keine Artunterschiede zwischen den Naturgesetzen. Die verschiedenen Eigenschaftsarten würden dann nicht durch die Artverschiedenheiten der Naturgesetze bedingt, sondern nur durch die Verbindungsverschiedenheiten gleichartiger Natur-gesetze. Sie wären etwa bedingt durch die Stelle des Dings, an der eins der gleichartigen Naturgesetze waltet. Es läßt sich aber noch eine dritte Mög-lichkeit denken. Es könnte sein, daß es Arten von Dingeigenschaften und Arten von Naturgesetzen gibt. Aber beide Arten würden sich nicht durch-gehend entsprechen. Es kämen die Arten von Eigenschaften nicht nur durch die Arten von Naturgesetzen zustande, sondern auch durch die Arten von Verbindung der Naturgesetze. Es könnte also etwa sein, daß zwei ver-schiedene Eigenschaftsarten von der gleichen Gesetzesart getragen würden, daß die Zusammenhänge, in denen gleichartige Gesetze bestimmend wären, in beiden Fällen verschieden wären. Die folgende Untersuchung wird zeigen, daß die dritte Vermutung die richtige ist. Es gibt Arten von Naturgesetzen. Es gibt Arten von Eigenschaften. Aber beide bilden nicht zwei durchgehend proportionale Reihen. Viel-mehr können verschiedenen Arten von Eigenschaften durch die gleiche Gesetzesart konstituiert werden.

Unsere Untersuchung wird nun folgenden Gang nehmen: Zuerst (Kap. 2) werden wir Arten von Naturgesetzen zu erkennen suchen. Dabei müssen wir freilich wissen, was das Naturgesetz überhaupt ist. So muß das nächste Kapitel mit einer Erörterung über das Naturgesetz beginnen, um dadurch die Basis zu gewinnen für eine Erörterung der Arten von Naturgesetzen.

Im dritten Kapitel werden wir nach Eigenschaftsarten fragen. Dabei werden wir die im zweiten Kapitel gewonnenen Einsichten in Arten von Naturgesetzen gleich anwenden und fragen, durch welche Art oder Arten von Naturgesetzen die betreffende Eigenschaftsart bestimmt ist.

Sowohl die Forschung nach Eigenschaftsarten als auch die nach Gesetzesarten führt zu den letzten Elementar-Bestandteilen der Dinge, die wir in alter Terminologie als Atome bezeichnen wollen. Den Atomen soll das fünfte Kapitel gewidmet sein.

Erst auf Grund der Logik der Atome können wir eine Logik der Dinge aufbauen, die in sich Logik der Gesetzesarten, Logik der Eigenschaftsarten, Logik der Strukturarten umfaßt. Der Verf. hofft, in dieser Richtung die begonnene Arbeit später in einer Studie über „Anorganische Strukturen" und einer über „Organische Strukturen" fortsetzen zu können.

II. DAS NATURGESETZ UND SEINE ARTEN

Wir haben nun zunächst zu fragen, was denn überhaupt ein Naturgesetz ist. Hierüber liegt heute eine entwickelte Theorie vor. Wir können deshalb hier in freier und teilweise erweiternder Form referieren[1]), wie es für die folgende Untersuchung notwendig ist.

Naturgesetze sind Funktionen. Aber was ist eine Funktion? Ihr Begriff ist zuerst in der Mathematik entwickelt worden. Doch dürfen wir nicht ohne weiteres den mathematischen Funktionsbegriff in die Logik des Naturgesetzes übernehmen. Mathematische und naturgesetzliche Funktion sind beides Arten der sie umfassenden Urfunktion. Wir wollen deshalb zunächst den Sinn der naturgesetzlichen Funktion an einem einzelnen Naturgesetz als Beispiel verdeutlichen. Erst danach wollen wir zur Bedeutung der allgemeinen Funktion vordringen, von der die einzelnen Funktionen Arten sind. Und darauf sollen dann genauer mathematische und naturgesetzliche Funktion unterschieden und auf einander bezogen werden.

Aus der Schulphysik ist jedem bekannt oder wieder auffrischbar die Gleichung für die gleichförmige Bewegung: $ct = s$, Geschwindigkeit mal Zeit = Weg. Diese Gleichung stellt eine naturgesetzliche Funktion dar. Zunächst ist hier ersichtlich, daß diese ein Gefüge aus einer Mehrheit von Kategorien ist. Ohne daß wir alle daran beteiligten Kategorien eben entwickeln müßten, sehen wir, daß hier z. B. eingegliedert sind der Raum und die Zeit. Es besagen aber c, t, s nicht bloß allgemein Zeit und Raum, sondern bestimmte Raum- und Zeitmaße; es ist ja eine bestimmte Streckengröße von einer bestimmten Zeitgröße in Abhängigkeit gesetzt; gerade diese zahlenmäßige Abhängigkeit setzt ja das Gleichheitszeichen. Man müßte also genauer sagen: Geschwindigkeitszahl mal Zeitzahl = Wegzahl. Auch die Kategorie der Zahl ist also in dem Funktionsgefüge beteiligt.

Zwischen diesen verschiedenen Kategorien stiftet nun die Funktion ob-

---

[1]) Vgl. zum folgenden die grundlegende Darstellung bei B a u c h, Natges.

jektiven Zusammenhang. Dieser Zusammenhang baut sich auf in zwei bzw. drei Schichten. Zunächst können, wie das Beispiel der Geschwindigkeit zeigt, zwei oder mehr Kategorien (abgesehen von der Zahl) zu einer komplexen logischen Einheit verbunden sein. In der „Geschwindigkeit", dem Weg in der Zeiteinheit, sind ja Raum und Zeit aufeinander bezogen. Dann aber ist zweitens die Kategorie der Zahl mit jeder einzelnen der anderen Kategorien oder jedem einzelnen der Kategorienkomplexe verbunden. In diesem Sinne sprachen wir ja eben von Geschwindigkeitszahl, Zeitzahl, Wegzahl. Die Zahl bedarf im Naturgesetz dieser Verbindung. Eine bloße Zahl für sich könnte nicht Glied eines Naturgesetzes sein, denn die Zahl für sich ist ja kein Naturfaktor. Umgekehrt muß dann jede der andern Kategorien mit der Zahl verbunden sein, wenn die Naturgesetze mathematisch-exakte Gesetze sein sollen. Die einzelnen Komplexe von Kategorie plus Zahl oder Kategorienkomplex plus Zahl nennen wir Glieder der Funktion.

Auf dieser zweiten Schicht von Zusammenhang baut sich nun eine dritte auf: der Zusammenhang der einzelnen Glieder miteinander. Es ist ja die Weggröße ein Ergebnis von Geschwindigkeitsgröße mal Zeitgröße. Rein mathematisch betrachtet ist aber jede der drei Größen ein Ergebnis der beiden andern. Es ist auch $c = \dfrac{s}{t}$ und $t = \dfrac{s}{c}$.[1]) Der Zusammenhang der Glieder ist also genauer: Abhängigkeit. Diese Abhängigkeit hat objektive Gültigkeit, Gültigkeit unabhängig von unserem Denken, aber für unser Denken.

Hier sind nun zwei Bedeutungen von „Funktion" zu unterscheiden. Einmal ist die ganze Gleichung $ct = s$ eine Funktion. Wir sprechen hier im Anschluß an Bauch von der „Funktion selbst". Andererseits sagt man aber auch von dem Glied, das von den andern abhängig ist, es sei die Funktion von den andern. Im Unterschied von der Funktion selbst steht also „die Funktion von". So ist s die Funktion von ct. So ist nach der mathematischen Umformung aber auch c die Funktion von $\dfrac{s}{t}$ usw. Umgekehrt sagt man aber auch mathematisch ct sei Funktion von s. Beiderlei Funktion ist nicht bloß unterschieden, sondern auch verbunden: denn die Funktion selbst bestimmt ja die Funktion von. Die Funktion selbst ist das Prinzip dafür, daß und wie eine jener Größenarten Funktion von den andern ist. Wenn wir im folgenden von „Funktion" ohne einen Zusatz reden, meinen wir immer die „Funktion selbst".

Nun ist die Funktion allgemein, insofern ihre Glieder allgemeine

---

1) Das Problem der mathematischen Umformung wird uns bald noch beschäftigen.

Werte sind. Ihre Glieder sind zwar bestimmt, insofern jedes Glied durch die Funktion als das durch die andern Glieder bestimmte gesetzt wird. Auf Grund der Funktion ist ja s bestimmt durch ct. Die Glieder sind zwar bestimmte Werte, aber noch keine einzelnen Werte. s ist nicht bloß Weggröße, sondern „bestimmte Weggröße". Aber es ist noch nicht „bestimmte einzelne Weggröße". Letzter wird es erst, wenn es einen einzelnen Zahlwert erhält, wenn es etwa 3 m groß wird. Hieran ist ersichtlich, daß „allgemein" bedeutet: noch nicht durch Einzelzahl bestimmt. Nie ist ja die Funktion selbst auf Einzelzahlen eingeengt. Vielmehr ist sie bestimmend für die Abhängigkeiten der Einzelzahlen von einander. Aber auch in der naturgesetzlichen Funktion sind die Glieder nicht durch Einzelzahlen bestimmt weder s noch c noch t. Sie sind es noch nicht.

Damit kommen wir zum positiven Sinn der Allgemeinheit. Sie bedeutet nicht nur „ohne Bestimmung durch Einzelzahl". Weil die Zahlkomponente jedes Gliedes die ganze Zahlenreihe darstellt, deshalb ist sie keine Einzelzahl. Daher rührt die Allgemeinheit. c besagt nicht nur „Geschwindigkeitsgröße", sondern „die ganze Zahlenreihe der Geschwindigkeitsgrößen". Die Funktion gilt für jede einzelne Zahl aus dieser Reihe. Damit haben wir eine vierte Art von Zusammenhang in der Funktion erkannt. Wir sahen bisher, daß erstens zwei oder mehr Kategorien miteinander zu einem Komplex verbunden sein können, daß zweitens die Zahlkategorie mit je mindestens einer Kategorie verbunden ist zu je einem Glied, daß drittens die Glieder miteinander verbunden sind. Nun sehen wir, daß das, was wir „Zahlkategorie" nannten, selbst schon ein Zusammenhang ist. Jedes Glied enthält also als eine seiner Komponenten die Zahlenreihe.

Nun werden die verschiedenen Glieder durch die Funktion derartig in Abhängigkeit voneinander gesetzt, daß längs der ganzen Zahlenreihe jeder Einzelzahl eines Gliedes eine bestimmte Einzelzahl jedes anderen Gliedes zugeordnet ist. Zu jedem bestimmten einzelnen Zahlwert von c und t gehört ein bestimmter einzelner Zahlwert von s. Die naturgesetzliche Funktion bestimmt also die Abhängigkeit der Zahlenreihen ihrer Glieder voneinander; sie ist „Gesetz des Fortgangs in beiderseitigen Reihen von Werten zu Werten" (Bauch).

Jetzt ist ersichtlich, weshalb die naturgesetzliche Funktion allgemein sein muß: anders könnte sie nicht alle Einzelfälle bestimmen. Wäre sie nicht allgemein, wäre sie eine einzelne spezielle Funktion, dann möchte sie wohl in sich gelten. Aber sie hätte darüber hinaus keine Bedeutung. Gerade wegen seiner Beziehung auf die Fülle muß das Naturgesetz allgemein sein. Es ist also nicht abstrakt im Sinne eines Losgelösten vom Konkreten. Es ist, mit Bauch zu sprechen, abstrahent, d. h. in der Be-

ziehung auf das Konkrete von ihm unterschieden. Es ist zugleich kon-
kreszent, d. h. in der Unterschiedenheit vom Konkreten für die Fülle
dieses Konkreten bestimmend. Und es ist abstrahent um der Konkreszenz willen, es unterscheidet sich als allgemein von den einzelnen
konkreten Fällen, um sie alle zu konstituieren.

Wir kennen damit in einigen Hauptzügen die naturgesetzliche Funktion
von einem Beispiel her. Wir wollen sie aber nicht nur von einem Beispiel
her erkennen. Vielmehr wollen wir sie aus dem System der Logik klar anschauen. Wir müssen dann wissen, was die Urfunktion ist, von der das
Naturgesetz eine Besonderung ist. Was unterscheidet die naturgesetzliche
von der allgemeinen Funktion? Was ist das Eigentümliche gerade der
naturgesetzlichen Funktion? Durch was unterscheidet sie sich von den
andern gleich ihr eigentümlichen Funktionen? Was ist ihre „spezifische
Differenz" oder was sind ihre spezifischen Differenzen?

Wir dürfen hoffen, daß wir auf dem Weg von der Urfunktion zu ihren
Arten und zu dem Naturgesetz als einer dieser Arten auch den Weg treffen
zu den Arten des Naturgesetzes. Wenn wir erkannt haben, wie die Urfunktion sich in ihre Arten aufgliedert, können wir hoffen, von dort her
auch zu finden, wie eine dieser Arten sich wieder in Unterarten aufgliedert.

Wir können die Urfunktion bezeichnen durch die Gleichung $f(x) = y$.
Doch müssen wir uns dabei vor einer Doppeldeutigkeit sehr in acht
nehmen. $f(x) = y$ kann auch als Bezeichnung der mathematischen Funktion, also einer besonderen Art von Funktion, genommen werden und wird
oft so genommen. Wenn wir hier die Gleichung im Sinne der allgemeinen
Funktion gebrauchen, müssen wir uns hüten, Bestimmungen aus der
mathematischen Funktion herüber zu nehmen. In Worten ausgedrückt
heißt die Urfunktion nicht mehr als: Etwas ist Funktion von einem anderen Etwas.[1]) Man muß hier vor allem noch den Begriff der Zahl fern-
halten, der erst dem mathematischen Bereich angehört. Nicht die Urfunktion enthält ihn schon, nicht jede von ihr begründete Funktion muß
ihn enthalten. Wir werden noch in der Relation von Sein und Sosein eine
Funktion kennenlernen, die vor dem Auftreten der Zahl im logischen
Kosmos ihren Bogen spannt.

Im Naturgesetz erkannten wir eine Mehrheit von Kategorien. Auch
hier wirken deren mehrere. Ohne daß wir auf das System der Kategorien
einzugehen brauchen, können wir feststellen, daß hier das „Etwas", das

---

1) Auf diese allgemeinste Funktion weist auch — freilich mit einem psychologischen Einschlag — Kant hin (Krit. D. r. V. Ausg. Valentiner S. 93), wenn
er sagt: „Ich verstehe aber unter Funktion die Einheit der Handlung, verschiedene Vorstellungen unter einer gemeinschaftlichen zu ordnen."

„Eine", das „Andere" vorkommt. Aber die Mehrheit von Kategorien in der Urfunktion gehört der logischen Fundamentalschicht an. Die Mehrheit von Kategorien im Naturgesetz gehört einer Schicht an, welche auf dieser Fundamentalschicht ruht. Die fundamentalen Kategorien, welche in der Urfunktion stecken, sind also auch in der naturgesetzlichen enthalten. Auch Raum, Zeit, Zahl, wie wir sie in $ct = s$ fanden, sind „Etwas", sind „das Eine", das „Andere". Aber sie sind nicht bloß Etwas, das Eine, das Andere, sondern besonderes Etwas, besonderes Eines, besonderes Anderes. Wie freilich sich diese Spezifikation vom Etwas zum besonderen Etwas vollzieht, das wird uns bald noch beschäftigen müssen.

Auch die Urfunktion stiftet objektiven Zusammenhang zwischen dem einen und dem anderen Etwas als ihren Gliedern. Nur sind diese Glieder — wie wir sahen — weniger besondert; sie sind noch nicht mit der Zahl verbunden. Die Abhängigkeit, in die die Glieder voneinander gesetzt werden, hat objektive Gültigkeit, Gültigkeit unberührt von unserm Denken, aber beherrschend unser Denken.

Auch hier sind Funktion selbst und Funktion von in ihrer Zusammengefügtheit voneinander zu unterscheiden. $f(x) = y$ ist die Funktion selbst. Aber y ist die Funktion von x. Das Glied ist die Funktion von. Der ganze Zusammenhang ist die Funktion selbst. Dabei ist die Urfunktion selbst die Bedingung der Funktion von. Und nur weil sie und indem sie Bedingung der Funktion von ist, ist sie Funktion selbst.

Wie das einzelne Naturgesetz allgemein war, so ist auch die Urfunktion allgemein. Aber sie ist es in höherem Maße. Ja nicht nur das. Sie ist es im höchsten Maße. Die Urfunktion ist die allgemeinste Funktion. Allgemeinheit ist auch hier nicht identisch mit Unbestimmtheit. Es wird ja gerade y als bestimmt durch x, x als bestimmend für y, darin aber selbst bestimmt gesetzt. Ebenso ist die Urfunktion selbst als dies Verhältnis bestimmend selbst bestimmt. Die Glieder der naturgesetzlichen Gleichung, die uns als erstes Beispiel diente, sind zwar bestimmte Werte aber noch nicht bestimmte einzelne Werte. Die Glieder der allgemeinsten Funktion sind zwar bestimmte Etwas, aber sie sind noch nicht bestimmte einzelne Etwas. Es hat sich noch nicht besondert, was das y bestimmende x für ein Etwas ist. Wir unterschieden oben eine logische Fundamentalschicht von Kategorien, welche in der Urfunktion enthalten sind, und eine darauf aufgebaute Schicht von Kategorien, wie wir sie in dem Naturgesetz unseres Beispiels angetroffen hatten. Von hier aus läßt sich die Allgemeinheit der Urfunktion noch näher so charakterisieren: ihre Glieder haben sich noch nicht durch Kategorien der aufgebauten Schicht spezialisiert, etwa durch Raum, Zeit, Zahl usw.

2*

Was vom Positiven der naturgesetzlichen Unbesondertheit gilt, das gilt auch entsprechend und im weiteren Umfang vom Positiven der urfunktionellen Unbesondertheit. Dort ist die Bezogenheit auf die ganze Zahlenreihe der Grund, weshalb ein Glied nicht durch eine Einzelzahl eingeschränkt wird. Hier ist es die Bezogenheit auf die Gesamtheit der Kategorien der aufgebauten Schichten. Weil das Etwas der Urfunktion die Gesamtheit der kategorial bestimmten Etwas in sich umfaßt, deshalb ist es nicht selbst ein kategorial bestimmtes Etwas, das mehr kategoriale Prägung besäße, als zu dem bloßen Etwas gerade nötig ist. Weil die Urfunktion selbst die Funktion in allen einzelnen Arten von Funktion ist, deshalb kann sie nicht selbst eine einzelne Art von Funktion oder gar eine einzelne Funktion sein. Man muß sich der universellen, grundlegenden Leistung der Urfunktion bewußt sein. Wo im All Beziehung ist, da ist diese Beziehung eine Besonderung der Urfunktion. Die Zahlen sind schon ein Beziehungsgefüge, sie beruhen schon auf der universellen Urfunktion. Die Kategorie der Zahl ist leer ohne Beziehung auf die Zahlen. Sie setzt in der zu ihrem Wesen gehörenden Beziehung auf die Zahlen und in diesen selbst schon die allgemeinste Funktion voraus.

In dieser alles umspannenden Zusammenhangstiftung ist die Urfunktion nichts anderes als im objektiven Sinne das, was Kant die transzendentale Einheit der Apperzeption genannt hat.

Wie aber kommt es nun von der Urfunktion zu den einzelnen Arten von Funktion?

Wir begegnen hier dem Grundprinzip für alles Fortschreiten im Logischen, welches wir als das der kontinuierlichen Produktivität oder der produktiven Kontinuität bezeichnen. Das Reich des Logos ist durchdrungen von Kontinuität. Jedes logische Gebilde ist so beschaffen, daß es nicht für sich allein steht. Es hat in sich die „Ansätze" zu Beziehungen, die ihm erst den vollen Sinn geben. Es „fordert" solche Beziehungen, „weist hin" auf sie. Diese Ansätze sind die objektiven Grundlagen dafür, daß wir subjektive sinnvolle Fragen über dies logische Gebilde stellen können. Da ist der logische Begriff des Seins. „Sein" steht nicht für sich allein; allein und abstrakt ist es sinnlos. Aber es hat in sich Beziehungshinweis. Auf Grund dieses Beziehungshinweises können wir mit Recht fragen: „Was ist das: Sein?" Diese Frage bleibt nicht beim isolierten Sein stehen, sondern führt über es hinaus in der Richtung zum Sosein. Aber sie kann darüber nur deshalb hinausführen, weil das Sein selber den logischen „Antrieb" enthält. Freilich sieht man ihn nicht, wenn man das „Sein" anstiert. Dann ist Sein eben Sein und nichts anderes. Erst der denkerischen Aktivität, d.h. aber dem Fragen offenbart der Logos seine zeitlose „Aktivität", d. h. das durchgehende Sich-Beziehen seiner Gebilde. In diesem allverbindenden Beziehung-Fordern und Beziehung-Vollziehen liegt die Kontinuität des Logos.[1]

Man sieht, daß der Grund dieser Kontinuität die Urfunktion ist. Denn Kontinuität ist fortschreitende Beziehung. Und Beziehung ist Funktion. Sosein ist nicht möglich ohne Sein. Sosein ist Funktion von Sein. Aber Sein ist auch abstrakt und leer ohne Sosein. Sein ist in diesem Sinne Funktion von Sosein. So vollzieht sich also die Notwendigkeit des Fortschreitens vom Sein zum Sosein und dieses Fortschreiten selbst auf Grund der Urfunktion.

Nun könnte man versucht sein, auf Grund der logischen Kontinuität ein Gebilde aus dem andern rein formal zu deduzieren. Man könnte versuchen, aus einem allerersten Begriff alle andern abzuleiten. Jeder Schritt sollte dabei logisch notwendig sein und sich uns als solcher erweisen. In jeder Setzung sollten schon alle späteren Setzungen enthalten und aus ihr eindeutig entwickelbar sein. Alle Versuche, solch ein Reich in strengen Schlüssen aufzubauen, sind fehlgeschlagen. Sie mußten aus dem Wesen der Sache heraus fehlschlagen. Windelband hat mit Recht eine schwerwiegende Grenze der Antike darin gesehen, daß sie das Schöpferische nicht denken konnte, und einen Fortschritt der Neuzeit darin, daß sie das Schöpferische in den Umkreis ihres Denkens zog. Erst wenn man diesen Gedanken des Schöpferischen über das zeitlich-historische Geschehen hinaus bis in das zeitlose Gelten hinein verfolgt, wird man die Art der logischen Beziehungen erfassen. Wir sahen, wie ein logisches Gebilde ein anderes fordert. Das andere ist aber nicht schon in ihm enthalten und deshalb aus ihm deduzierbar. Es ist ihm gegenüber neu. So taucht hier Schritt für Schritt ein Neues nach dem andern auf, das vorher nicht zu errechnen war. Das ist das Produktive, das Schöpferische im Logischen. Selbstverständlich ist hier Produktivität und Schöpferisches nicht im Sinne eines zeitlichen Prozesses oder gar unseres menschlichen Denkens gemeint. Niemals in der Zeit ist etwa zuerst das Sein dagewesen und nachher das Sosein hinzugekommen. Produktivität besagt hier vielmehr ein zeitloses Verhältnis der Unableitbarkeit und deshalb Neuheit. Ewig ist Sosein neu gegenüber Sein. Und weil es an sich ewig neu ist gegenüber dem Sein, deshalb ist es für unser Denken immerwährend neu dem Sein gegenüber. In dieser ewigen Neuheit von Gebild zu Gebild liegt die Produktivität des Logos.

Bloße Unableitbarkeit würde freilich noch nicht genügen zur Kenn-

---

[1] Es ist in der obigen Darstellung nur eine der Möglichkeiten angedeutet, die Kontinuität des Logos zu zeigen. Genaueres siehe bei Bauch, Wahrh., bes. S. 289.

zeichnung der Produktivität. Das kann ein Beispiel deutlich machen. „Dreieck" ist unableitbar von „Schwefelsäure". Dennoch ist hier nicht von logischer Produktivität zu sprechen. Weshalb nicht? Zu ihr gehört noch mehr als bloße Unableitbarkeit. Das Neue muß zugleich aus dem Alten hervorgehen und so mit ihm zusammenhängen. Das heißt aber: die logische Produktivität ist das zeitlose Verhältnis der Unableitbarkeit und Neuheit des Kontinuierlichen. Jedes Glied im Gefüge des Logos weist hin auf ein Nächstes oder Nächste, wie das Sein auf Sosein hinweist. Das ist hier die Kontinuität. Aber dies Nächste, auf das so hingewiesen wird, ist in diesem Hinweis noch nicht deduziert. Es erfüllt den Hinweis als ein Neues. Das ist hier die Produktivität.

Auf Grund dieser kontinuierlichen Produktivität läßt sich nun auch das Verhältnis der Urfunktion zur naturgesetzlichen Funktion erkennen. Das Eigentümliche der letzteren lagert sich nicht als ein zufällig Hergeratenes auf eine Weise, wie es gerade kommt, der ersten Funktion an. Die Urfunktion enthält in sich den „Hinweis" auf die Besonderung, den „Ansatz" für die Besonderung. Es läßt sich in ihr erkennen, in welcher Richtung die besonderen Funktionen liegen müssen, die sie dann in sich umfaßt. Aber diese lassen sich nicht aus ihr in logischem Schluß ableiten. In ihnen geht etwas auf, was in der allgemeinen Funktion noch nicht da war.

Wenn $f(x) = y$ ist, so ist das erstens nur dadurch möglich, daß sowohl x als auch y einem Gemeinsamen angehören. Bei völliger Diskrepanz könnte keine Beziehung zwischen ihnen bestehen. Wir wollen das Gemeinsame von x und y, auf Grund dessen sie in Beziehung treten können, die Basis der Funktion nennen. Nun setzt aber zweitens die Beziehung irgendwelche Verschiedenheit der Beziehungsglieder voraus, solange sie nicht bloße Identität ist. Die Basis muß also irgendwelche Unterschiede in sich haben. Sie muß sich zu x und zu y jedesmal eigentümlich besondern. Die Urfunktion fordert also eine in sich zusammenhängende und dabei in sich differenzierte Basis. Sie sagt nicht, welches diese Basis ist; sie sagt aber, welche Beschaffenheit diese Basis haben muß. In letzterem enthält sie den Hinweis auf weitere Zusammenhänge und ermöglicht Kontinuität. Im ersteren läßt sie der Produktivität Raum.

Durch die Basis findet die Funktion den Weg zur Besonderung. Durch die Basis findet sie aber auch die Wege zu den Besonderungen. Nach Arten der Basis unterscheiden sich Arten von Funktion.

Die Basis, die in der mathematischen Funktion als Neues in kontinuierlichem Zusammenhang mit der Urfunktion tritt, ist die Zahl. Die Zahl ist selbst in sich Funktionszusammenhang. Sie kann deshalb nicht von wo anders her stammen und dann nur als ein Erfüllendes zur Funktion hinzugekommen sein. Sie kann nur Folge der Urfunktion sein. So herrscht hier Kontinuität. Dennoch würde man bloß mit Kenntnis der Urfunktion niemals zu den Zahlen gelangen können. Bloß aus der Urfunktion ist die Zahl nicht ableitbar. Die Zahl wird bedingt durch die Urfunktion, aber bedingt als ein Neues. So herrscht hier produktive Kontinuität.

Die Zahl erfüllt die Forderungen, welche an die Basis gestellt werden. Das Reich der Zahl ist in sich zusammenhängend und zugleich differenziert in die Zahlen. Auf Grund dieses Zusammenhanges des Zahlenreiches können die verschiedenen x und y, die ihm angehören, zueinander in Beziehung treten. Auf Grund dieser Verschiedenheit der Zahlen können die aufeinander bezogenen x und y, die ihm angehören, voneinander unterschieden sein. So können sie funktional verknüpft sein. So vermag die Zahl eine spezifische Basis einer spezifischen Funktion darzustellen.

Nun wäre hier zwischen der allgemeinen mathematischen Funktion, den Arten mathematischer Funktionen und den einzelnen mathematischen Funktionen zu unterscheiden. Das zu entwickeln gehört nicht in den Aufgabenkreis dieser Arbeit. Arten von mathematischer Funktion würden zwar Aussicht auf Arten von Naturgesetzen geben, insofern letztere von ersteren bedingt sind. Aber das wären nicht Arten im Spezifischen des Naturgesetzlichen, nicht Arten, die auf das Eigentümliche naturgesetzlicher Bereiche gegründet wären.

Es ist auch nicht unsere Absicht, hier in einer naturlogischen Untersuchung alle Kategorien der Mathematik zu entwickeln. Uns interessiert ja hier die Gründung des Naturgesetzes. Wichtig auch für die Naturgesetze ist aber nun, daß die Zahl nicht die einzige Basis im Mathematischen bleibt. Es kommt hinzu der Raum. Auch er ist schöpferisch bedingt und zwar von Urfunktion und Zahl. Denn der mathematische Raum ist ein spezifisches Gefüge, gegründet auf zahlenmäßige Bestimmtheiten. Er setzt also überall schon die allgemeinste Funktion und die Zahl und das Stehen der Zahl in der allgemeinsten Funktion voraus. Aber er ist in beiden doch nicht enthalten. Er ist ihnen und ihrer Verbundenheit gegenüber ein Neues. Auch er hat die beiden Qualitäten, welche ihn zur Basis von Funktionen geeignet machen. Er ist sowohl kontinuierlich als auch in die verschiedenen Räume differenziert. So kann er sowohl die Gemeinsamkeit als auch die Verschiedenheit der funktionalen Glieder ermöglichen.

Im Übergang der Mathematik zur Natur erscheint nun noch die Zeit. Auch zu ihr führt von der Urfunktion her und von der Zahl her der Weg kontinuierlicher Produktivität. Auch sie ermöglicht als Basis sowohl die Gemeinsamkeit der Glieder als auch ihre Differenzen.

Die naturgesetzliche Funktion ist nun nicht etwa eine Funktionsart n e b e n der mathematischen Funktion. Beide stehen nicht etwa auf der gleichen Stufe in der Konkreszenz der Urfunktion. Man dürfte n i c h t etwa schreiben:

Urfunktion

/   \

mathem. Funkt.   naturges. Funkt.

Die naturgesetzlichen Funktionen sind viel komplexer nach den Bestimmtheitsweisen ihrer Glieder als die mathematischen Funktionen. Glieder werden nun etwa Energiearten wie Wärme und chemische Energie, Stoffe wie Quecksilber oder gar organische Verbindungen, schließlich die noch komplexeren Lebewesen. In dieser größeren Kompliziertheit sind aber die Naturgesetze mathematisch bestimmt. Auch sie enthalten die Basen der mathematischen Funktion: Zahl, Raum, Zeit. Und nicht nur die gleichen Basen enthalten sie. Auch die funktionalen Beziehungen zwischen Zahlen, Räumen, Zeiten, welche den Inhalt der Mathematik ausmachen, sind grundlegend für die Natur. So konnte es auch in der Geschichte der beiden Wissenschaften geschehen, daß bald eine rein mathematische Entdeckung nachher für die Physik fruchtbar wurde, bald eine physikalische Problemstellung die Entdeckung eines mathematischen Problems bedeutete und die Lösung zugleich eine mathematische und eine physikalische Erkenntnis war (K n e s e r). Man wird also sagen: nicht auf gleicher Stufe in der Entfaltung der Urfunktion stehen mathematisches Gesetz und Naturgesetz, sondern auf einander folgenden Stufen. Man wird also versucht sein an Stelle des obigen Schemas das folgende zu setzen:

Urfunktion

|

mathem. Funktion

|

naturgesetz. Funktion.

Auch dies Schema läßt sich noch durch ein genaueres ersetzen. Nicht die Gesamtheit der mathematischen Funktionen ist Voraussetzung der naturgesetzlichen Funktionen. Ein Teil der Mathematik, wie z. B. die Metageometrie setzt sich nicht fort in die Naturgesetzlichkeit, sondern verbleibt im nicht-empirischen Bereich. Es ist also nur ein besonderer Bezirk mathematischer Funktionen, der Möglichkeitsbedingung naturgesetzlicher ist.

Der Übergang von diesem mathematischen Sonderbezirk zum Naturgesetz vollzieht sich nun wieder nach dem Prinzip der produktiven Kontinuität. Was nun auftritt, beruht auf dem Vorhergehenden, ohne in ihm schon gesetzt zu sein. Dies ist die E n e r g i e. Energie in dem naturwissen-

schaftlichen Sinne dieses Wortes ist zahlenmäßig, örtlich und zeitlich bestimmt. Dennoch ist in diesen Kategorien die Energie noch nicht gegeben.
Wenn man nur von Zahl, Ort und Zeit wüßte, käme man von ihnen niemals
auf den Begriff der Energie. Er begründet eine ganz neue Ordnung im
zahlenmäßigen Raum-Zeitlichen.

Die Energie hat wie jene anderen Kategorien die Fähigkeit Basis zu sein.
Denn sie stellt ein Gemeinsames dar, was differenziert ist, ein Differen-
ziertes, was in sich gemeinsam ist.[1]

Nun geschieht aber noch ein Weiteres beim Übergang vom mathematischen Bereich zur Natur. Die mathematischen Gesetze sind keine realen
Dinge oder realen Vorgänge. Sie sind überhaupt nichts Reales, wie Dinge
und Prozesse real sind. Dennoch sind sie kein Unsinn, keine bloß subjektiven Gemächte. Sie sind etwas wohl Objektives. Sie haben keine objektive Realität, sondern objektive Geltung. Auf diesen Begriff der
Geltung braucht hier nur hingewiesen zu werden, nachdem er seit Lotzes
berühmtem Kapitel über „die Ideenwelt" ein Hauptthema der Logik gewesen ist. Geltend sind also sowohl die allgemeine mathematische Funktion als auch die besonderen mathematischen Funktionen. Geltend sind
aber auch die Glieder dieser Funktion und dieser Funktionen. Geltend ist
auch das mathematische x und y. Aber nicht nur die allgemeinen Werte
x und y, auch die einzelnen Zahlwerte gehören dem Reich der Geltung an.

Etwas anders gestalten sich aber nun die Verhältnisse, wenn man von
den mathematischen zu den naturgesetzlichen Funktionen kommt. Auch
die Naturgesetze gelten. Die Naturgesetze sind keine realen Dinge oder
realen Vorgänge, die neben den andern realen Dingen und Vorgängen be-
stünden; gerade weil sie das nicht sind, können sie ja die realen Vorgänge
leiten. Sie sind zwar unreal, aber sie bestehen als objektive Gültigkeiten.
Diese Geltung besitzen sowohl die noch darzustellende allgemeine naturgesetzliche Funktion, als auch die einzelnen naturgesetzlichen Funktionen.
Nun aber die Glieder der naturgesetzlichen Funktion! Nehmen wir eine
so allgemeine Gleichung wie die der gleichförmigen Bewegung $ct = s$. Die
Begriffe der Geschwindigkeit, der Zeit, des Wegs sind gewiß keine realen

---

1) Wenn man diesen durchgehenden gemeinsamen Charakter aller Energiearten und Energiemengen, der ihre gesetzliche Bezogenheit aufeinander ermöglicht, als Kontinuität bezeichnet, so darf man diese logisch-qualitative
Kontinuität nicht mit räumlicher Kontinuität verwechseln. Quanten im
Sinne der Planckschen Theorie sind räumlich diskontinuierlich. Aber sie haben
gewisse gemeinsame Eigentümlichkeiten, weshalb sie überhaupt als Energiequanten bezeichnet und zu einander in Beziehung gesetzt werden können. Von
diesen gemeinsamen Eigentümlichkeiten räumlicher Diskreta läßt sich sagen:
sie setzen sich logisch-kontinuierlich durch die räumlichen Diskreta wie durch die
beiden Seiten der Gleichung fort.

Dinge, sondern sie sind Gegenstände von objektiver Geltung. Auch das allgemeine *c* und *t* und *s* gehören diesem Bereich an. Aber jene Gleichung ist gerichtet auf reale Vorgänge. Sie bestimmt reale Geschwindigkeit, real durchlaufene Zeit, real durchlaufenen Raum. Das wird noch deutlicher bei Gesetzen wie etwa der Jouleschen Gleichung, welche das Maß der Umwandlung von Elektrizität in Wärme angibt. Danach ist das Quadrat der Stromstärke mal dem Widerstand gleich dem Maß der gebildeten Wärme. Es gibt keine andere Elektrizität und Wärme als reale. Zwar die Begriffe der Elektrizität und der Wärme sind geltend. Aber es sind geltende Begriffe für Reales und von Realem. Das heißt aber: Zu den Gliedern des Naturgesetzes und der Naturgesetze gehört die Kategorie der Realität. Dadurch werden die Naturgesetze noch nicht selbst zu Realitäten. Denn die Kategorie der Realität ist nicht selbst etwas Reales. Als Bedingung des Realen ist sie vielmehr geltend.

Bisher geschah es auf dem Weg der Konkreszenz der Urfunktion jedesmal, daß die neu auftretende Kategorie zu den alten hinzukam. Die Realität nun kommt an die Stelle einer vorhergehenden Kategorie. Wo früher in der reinen Mathematik die Funktionsglieder in Beziehung auf geltende Einzelwerte galten, da gelten sie nun im Naturgesetz in Beziehung auf reale Gegenstände. Die Kategorie der Geltung ist verschwunden an der Stelle, wo die Kategorie der Realität eingetreten ist.

Noch in anderer Hinsicht verhalten sich Realität und Geltung anders als die anderen Kategorien. Letztere waren Basen der Funktion mit der zweifachen Beschaffenheit der Basis. Sie vermochten jeder Seite der Funktion als Bestimmung zuzukommen. Diese eine Seite einer Basis besitzen auch Realität und Geltung. Alle Glieder der mathematischen Funktion sind mit der Kategorie der Geltung verknüpft. Alle Glieder der naturgesetzlichen Funktion stehen in der Kategorie der Realität. Die zweite Seite der Basis ist aber die Differenzierung des Gemeinsamen; so differenzierte sich die Zahl in Zahlen, der Raum und die Zeit mit Hilfe der Zahl in Räume und Zeiten. Nun gliedert sich zwar auch die Realität auf in Realien, die Geltung in die Vielheit der Geltenden; nur so kann ja auch ein Geltendes Funktion von einem Geltenden, ein Reales Funktion von einem Realen sein. Aber während Raum und Zeit sich in zahlmäßig bestimmte Raummaße und Zeitmaße differenzieren, gibt es in den Naturwissenschaften keine Realitätsmaße[1]), wie es in der Logik keine verschiedenen Maße der Geltung gibt. Etwas gilt oder es gilt nicht. Aber es besitzt keinen Grad von objektiver Geltung. Etwas ist real oder nicht. Aber es besitzt

---

1) Auf Versuche, Grade der Realität zu denken wie etwa auf den im Gottesbeweis bei Descartes braucht hier nicht eingegangen zu werden, wo es sich um Logik der Naturwissenschaften handelt.

keinen Grad von Realität. Auch Grade der Empfindungsstärke sind nicht Grade der Realität. Die schwächste Empfindung ist genau so real wie die stärkste. Realität bestimmt also gleichmäßig alle Glieder naturgesetzlicher Funktionen. Ebenso bestimmt Geltung gleichmäßig alle Glieder der mathematischen Funktion. Beide bestimmen ein ganzes Gebiet. Wir können sie deshalb mit Lask als Gebietskategorien bezeichnen.

Nun sind wir in der Lage unser oben entwickeltes Schema weiter auszuführen. Dabei wollen wir auch die auf jeder Konkreszenzstufe hinzukommenden Kategorien in das Schema eintragen. Weiter wollen wir auch noch zwischen der mathematischen Funktion und den mathematischen Funktionen unterscheiden.

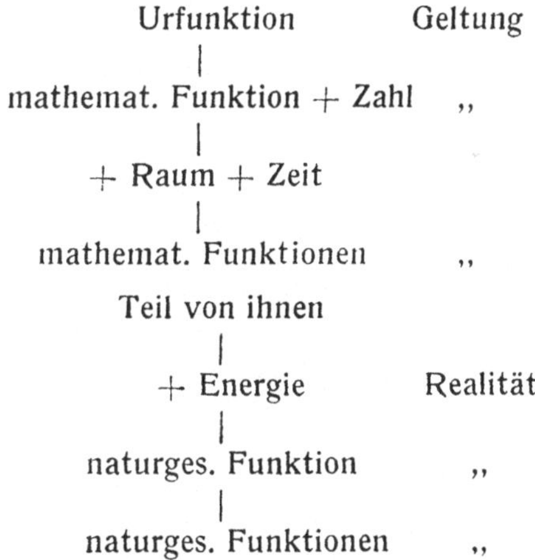

(In Worten nachzutragen ist noch, weil es noch nicht ausdrücklich gesagt ward, im Schema aber angegeben ist: Auch die Glieder der Urfunktion stehen in der Geltung. Die Zahl tritt auf bei der logischen Erzeugung der mathemat. Funktion aus der Urfunktion, Raum und Zeit aber erst bei der Differenzierung der allgemeinen mathematischen Funktion in die einzelnen mathematischen Funktionen. Wir hätten das Schema noch erweitern können, wenn wir in Mathematik wie Natur noch zwischen der allgemeinen Funktion und den einzelnen Funktionen die einzelnen Funktionsarten eingeschoben hätten.)

Die allgemeine naturgesetzliche Funktion, deren Stellung wir schon im Schema bezeichneten, können wir nun formulieren. Das nach Zeit Z', Raum R', Energie E', zahlenmäßig (N') bestimmte reale (W) y ist Funktion des nach Zeit Z, Raum R, Energie E zahlenmäßig (N) bestimmten realen (W) x. Wir können nun formulieren:

$$f(NZ\ NR\ NE\ W\ x) = N'Z\ N'R\ N'E\ W\ y.$$

Dabei können natürlich die verschiedenen N verschiedene Werte haben, ebenso auch die verschiedenen N'.

Wie gelangt man nun vom allgemeinen Naturgesetz zu den einzelnen Naturgesetz-Arten?

Wir sahen: die Glieder der rein mathematischen Funktion sind auf Geltendes gerichtet. Die Glieder der naturgesetzlichen Funktion sind auf Reales gerichtet. Nun gibt es einen Unterschied zwischen naturgesetzlichen Funktionen danach, ob die Beziehung zwischen den Realien lediglich geltend oder auf geltender Grundlage real sein soll. Dieser Unterschied wird gleich deutlicher werden. Es kann sein, daß zwei naturwissenschaftliche Gegenstände oder Gegenstandsgruppen durch eine mathematische Beziehung miteinander verbunden sind, obwohl sie in der Natur unabhängig voneinander bestehen (in dem Sinne, in dem überhaupt zwei Gegenstände in der Natur unabhängig voneinander sind). Jeder von beiden folgt dem gleichen mathematischen Gesetz. Nur durch ihre Beziehung auf dies rein mathematische Dritte sind sie auch mittelbar aufeinander bezogen. Die gleichen Zahlrelationen, welche den einen Gegenstand beherrschen, bestimmen auch den zweiten. Wenn der erste Gegenstand in sich die Elemente E_1, E_2, E_3 besitzt, der zweite zu ihm in keiner realen Beziehung stehende die Elemente E'_1, E'_2, E'_3 und beide durch das gleiche mathematische Gesetz konstituiert sind, so gilt die Gleichung

$$E_1 : E_2 : E_3 = E'_1 : E'_2 : E'_3.$$

Wir nennen eine solche Gleichung, welche keine naturwirkliche Abhängigkeit zweier Naturkomplexe voneinander bezeichnet, sondern eine Ähnlichkeit durch Beruhen auf der gleichen mathematischen Beziehung, eine **Entsprechungs-Gleichung**. Das darin enthaltene Gesetz nennen wir ein **Entsprechungs-Gesetz**. Solche Entsprechungs-Gesetze sind die von Viktor **Goldschmidt** dargestellten Beziehungen zwischen Kristallflächen, Tönen und Farben. Er sah in den Verhältnissen der Kristallflächen, der Schwingungszahlen der Töne, der Schwingungszahlen der Farben die gleichen mathematischen Beziehungen. Als Entsprechungsgleichung kann diese These so dargestellt werden, daß die Reihe der Werte für Kristallflächen gleichgesetzt wird der Zahlenreihe der Schwingungsverhältnisse der Töne und diese wiederum gleichgesetzt wird der Zahlenreihe der Schwingungsverhältnisse für die Farben. Die Gleichheit bedeutet hier nur Bestimmtheit durchs selbe mathematische Gesetz.

Der Entsprechungsgleichung steht nun gegenüber jene Gleichung, welche eine reale Beziehung der gleichgesetzten Realien bestimmt. Wohl ist die „Funktion selbst" hier genau so geltend wie beim Entsprechungsgesetz. Aber die geltende „Funktion selbst" konstituiert eine reale „Funktion von". Die beiden Etwas, welche einander funktional zugeordnet sind, besitzen nicht nur deshalb Gleichheit, weil sie beide vom gleichen mathematischen Gesetz abhängen, sondern deshalb, weil sie voneinander abhängen. Wir sprechen deshalb hier von einer **Abhängigkeits-Gleichung** und von einem **Abhängigkeits-Gesetz**. Genauer müßten wir sagen: Gleichungen für **reale** Abhängigkeit und Gesetz für **reale** Abhängigkeit. Der Kürze halber und weil durch die Ausdrücke „Entsprechung" und „Abhängigkeit" der Gegensatz schon deutlich bezeichnet ist, sei es gestattet, das Wort „real" wegzulassen. Die Formel für die gleichförmige Bewegung kann uns hier wieder Beispiel sein. Bei $ct = s$ ist nicht nur der absolute Zahlenwert „links" und „rechts" der gleiche. Vielmehr beruht diese Gleichheit auf einer Abhängigkeit. Der Gesamtweg ist das Ergebnis der in t Zeiteinheiten zurückgelegten Teilwege. Gewiß war die Gesamtstrecke schon da, ehe der Körper sich bewegte. Aber hier handelt es sich nicht um die Strecke unabhängig von der Bewegung, sondern um die von der Bewegung zurückgelegte Strecke, eben um den Weg. Und dieser real zurückgelegte Weg ist reales Ergebnis von ct. Insofern gilt hier ein Abhängigkeitsgesetz.

Wenn wir in einem solchen Gesetz die Verbindung mathematischer und realer Beziehung erkennen, so ist noch eine wichtige Unterscheidung zu machen. Bei jeder Abhängigkeitsgleichung gibt es eine Form, in welcher die Folge der Glieder der Folge in der Natur entspricht. Man nehme wieder unser Beispiel von der gleichförmigen Bewegung. In der Natur ist das Ergebnis von c und t in s enthalten. Die Form, welche angibt, in welcher Folge der Naturvorgang mathematisch konstituiert wird, nennen wir die **natürliche Form** der naturgesetzlichen Gleichung.

Dieser natürlichen Form stehen gegenüber und sind auf sie gegründet die **mathematischen Umformungen** der naturgesetzlichen Gleichung. Auf Grund mathematischer Gesetzlichkeit kann man auch sagen $s = ct$, obgleich s, der zurückgelegte Weg, weder dem Zurücklegen des Wegs vorangeht noch es bedingt. Aus mathematischem Rechtsgrund kann man auch sagen $\frac{s}{c} = t$, obgleich in der Natur keineswegs eine zurückgelegte Strecke war, die durch die Geschwindigkeit geteilt wurde mit dem Ergebnis, daß eine Zeit entstand. Und dennoch sind diese Umformungen zwar nicht in der Reihenfolge ihrer Glieder, wohl aber in den Werten ihrer Glieder gültig. Man kann deshalb etwa aus bekanntem s und c nach der obigen Gleichung t berechnen.[1]

Wir sind an mathematische Umformungen von mathematischen und naturgesetzlichen Gleichungen so gewöhnt, daß wir leicht gar nicht das Er-

---

[1] Vgl. **Gehrke**, Formalismus.

staunliche dieses Befundes merken. Wir müssen aber in der Philosophie das Staunen haben, das zum Problem führt, um vom Problem zum klaren Wissen zu kommen. So ist es auch ein Problem, wie die Gesetze mathematischer Umformung auch für die naturgesetzliche Gleichung gelten können, trotzdem sie der natürlichen Bedingungs- oder Zeit-Folge widersprechen. Das Problem wäre in seiner Grundsätzlichkeit noch gar nicht gesehen, wenn man antworten wollte: der Grund für die Gültigkeit der Umformungen liege darin, daß die Rechnungsergebnisse mit der Wirklichkeit übereinstimmen. Weil man aus s und c vorausberechnen könne, welchen Wert t haben müsse, deshalb sei die Umformung gültig. Eine solche Antwort hätte das Problem noch gar nicht berührt. Denn das ist ja gerade die Frage, wie es möglich ist, daß das Ergebnis einer rein nach mathematischer Gesetzlichkeit erfolgten Umformung mit der Wirklichkeit übereinstimmt.

Kneser hat in der genannten Rektoratsrede auf die „Harmonie" zwischen Mathematik und Natur hingewiesen und betont, daß sie nur auf Grund einer „idealistischen Erkenntnistheorie" verständlich ist. Beides gilt nun im Falle mathematischer Umformungen naturgesetzlicher Gleichungen erst recht. In der Umformung erscheint zunächst eine Inkongruenz zwischen Mathematik und Natur. Aber trotz dieser Umformung treffen sich beide wieder. Also sogar in Verschiedenheiten zeigt sich die Harmonie. Um so eindrücklicher wird der Grund, den Kneser angibt: die These der idealistischen Erkenntnistheorie. Weil die Mathematik Voraussetzung der Natur ist, deshalb sind die mathematischen Umformungen naturgesetzlicher Gleichungen möglich.

Es kann gar nicht anders sein, als daß, wenn $ct = s$ ist, auch $\dfrac{s}{c} = t$ ist. Es ist denknotwendig, daß es so ist. Das heißt aber: auf dieser mathematischen Denknotwendigkeit beruht die Natur.

Nur muß man diese Erkenntnis streng im Sinne eines objektiven Idealismus, nicht aber in dem eines subjektiven Idealismus nehmen. Nicht das ist gemeint, daß wir in unserer menschlichen Psyche die bloß psychologische Eigenschaft des mathematischen Denkens hätten und mit dieser psychologischen Voraussetzung nun immer an die Natur herangehen müßten. Dann bliebe nämlich das obige Problem weiter bestehen: Wie wäre es möglich, daß mathematische Umformungen, die wir durch einen psychischen Hang vollziehen, mit der Natur übereinstimmen sollten! Erst müssen wir einsehen: Mathematische Gesetzmäßigkeit ist unabhängig von uns Menschen Voraussetzung der Natur, und wir erkennen mit unserer mathematischen Naturwissenschaft diese von uns unabhängigen mathematischen Naturverhältnisse. Erst aus dieser Einsicht wird unser obiges

Problem sinnvoll lösbar. Weil Mathematik objektiv und unabhängig von uns Voraussetzung der Natur ist, deshalb sind auch die Gesetze mathematischer Umformung für die Zahlenwerte der Natur gültig.

Bei unserer weiteren Untersuchung müssen wir auf die natürliche Form der naturgesetzlichen Gleichung gerichtet sein. Denn die mathematischen Umformungen bieten uns für die Naturlogik keine besonderen Probleme mehr. Nachdem der entscheidende Grund für ihre Anwendbarkeit eingesehen ist, kann die Frage, wie überhaupt mathematische Umformungen mathematischer Gleichungen möglich sind, der Logik der Mathematik überlassen werden. Wir meinen also im folgenden unter „naturgesetzlicher Gleichung", wenn nichts anderes gesagt ist, stets die natürliche Form.

Wir wollen im folgenden Abhängigkeitsgesetze studieren. Sie sind ja als Gesetze für reale Abhängigkeit im engeren und strengeren Sinne allein Naturgesetze; und zwar wollen wir sie in der natürlichen Form kennenlernen.

Welche Arten von Abhängigkeits-Gesetzen gibt es?

Wir hatten als Ausdruck der allgemeinen naturgesetzlichen Funktion die Formel gefunden $f(NZ \ NR \ NE \ W \ x) = N'Z \ N'R \ N'E \ W \ y$. Diese Formel soll noch keine einzelne mathematische Beziehung bezeichnen, damit sie alle unter sich befassen kann. Es ist nur gesagt, daß die eine Seite Funktion der andern ist, aber es ist noch nicht gesagt, welcher Art diese Funktion ist. Es ist bestimmt, daß NZ und NR sich in der Funktion verbinden, aber es ist noch ganz offen, in welchem Sinn sie sich verbinden. Wenn wir aus ihr nun einzelne Arten von Naturgesetzen ableiten wollen, so kann diese Ableitung keine mathematische sein. Da sie erst zum Mathematischen hinführt, ist sie noch nicht selbst mathematisch.

Nun ist W, wie wir sahen, bei allen Gliedern und in allen Funktionen dasselbe. Es beeinflußt nicht die Beziehungen der Gleichung, da es für alle gleichförmig Voraussetzung ist. Es kann auch keine Unterschiede zwischen Funktionsarten bedingen. Wir können deshalb bei der Ableitung naturgesetzlicher Funktionsarten das W außer acht lassen.

Wir hatten das Beispiel $ct = s$. Ausführlich nach dem allgemeinen Naturgesetz gesagt heißt dies: Wenn eine Energiegröße NE in der Zeiteinheit den Weg $NR = c$ zurücklegt und sich eine Zeitgröße $NZ = t$ lang bewegt, so legt diese Energiegröße $N'E = NE$ in dieser Zeit $N'Z = NZ$ den Weg $N'R = s$ zurück. Nun ist diese Energiegröße „links" und „rechts" dieselbe und sie drückt sich aus in dem c. Die Geschwindigkeit ist ja schon eine Funktion der Energie. So „fällt" sie „weg" in der Bewegungsgleichung. Auch die Zeit ist „links" und „rechts" identisch. Aber „links" ist ihre Größe noch nicht funktional in einer anderen Größe enthalten, wie es NE war. So muß sie in der Gleichung ihre Stelle haben. „Rechts" dagegen ist ihr Zahlwert insofern enthalten, als ja s mit durch t bedingt ist; da darf der Wert $N'Z$ nicht noch einmal hinzukommen. (Auch x und y können als identisch weggelassen werden.) Es ergibt sich also $f(N R\ N Z) = N'R$ oder $f(ct) = s$. So versteht sich das Gesetz der gleichförmigen Bewegung aus dem allgemeinen Naturgesetz.

In $ct = s$ steht „links" und „rechts" eine Raumgröße, c und s. Von einer Raumgröße ist vermittels einer Zeitgröße eine andere Raumgröße in Abhängigkeit gesetzt. Das heißt aber, außer der Zahl ist der Raum Basis dieser Funktion. Diese Art von Abhängigkeitsgesetzen bezeichnen wir als naturgesetzliche **Raumfunktionen**. Mit diesem Ausdruck bezeichnen wir also nicht die funktionale Bestimmtheit irgendeiner Größe durch eine Raumgröße, sondern die einer Raumgröße durch eine andere Raumgröße (zusammen mit einer anderen Größe). Eine andere komplizierte Raumfunktion enthält das Gay-Lussacsche Gesetz. Wenn eine Gasmenge bei 0^0 das Volumen v_0 besitzt und es bei gleichbleibendem Druck um t^0 erwärmt wird, so dehnt es sich aus zu v_1 nach der Gleichung: $v_0 \left(1 + \frac{1}{273}\, t\right) = v_1$. Auch hier sind zwei Raumgrößen in Abhängigkeit voneinander gesetzt, diesmal keine Strecken, sondern dreidimensionale Gebilde.

Wir achteten eben auf das, was beiden Seiten der Funktion gleich ist. Diese Gleichheit besteht in zwei Schichten. Einmal besitzen die beiden Seiten die gleichen Basen, nämlich Raum und Zahl in ihrer Verbundenheit. Zweitens gehört beiden Seiten auch der gleiche absolute Zahlenwert. Aber sie sind auch unterschieden. Mit Hermann Cohen zu reden: „Die Gleichung ist nicht etwa die definitive Ansetzung der Gleichheit; sie ist ebenso auch Ungleichung" (S. 221). Das kann zweierlei bedeuten. Es kann gemeint sein, daß die Glieder einer Gleichung keine gleichbleibenden Einzelwerte sind, sondern Reihen, in denen das Fortschreiten von Wert zu Wert geregelt wird, wie wir das oben schon entwickelt haben. Der Satz kann aber auch bedeuten, daß die Gleichung die Gleichheit des Ungleichen, d. h. die in bestimmter Hinsicht zahlenmäßige Gleichheit des in anderer Hinsicht Ungleichen setzt. Wir haben noch nach dieser anderen Hinsicht zu fragen. Wir haben zu fragen nach dem, was die Unterschiedenheit der beiden Komplexe der Funktion ausmacht. Das, was den Unterschied der beiden Seiten der Funktion bestimmt, nennen wir die **Unterschieds-weise.**

Wir müssen noch einmal auf die reine Zahlfunktion zurückblicken. $5 + 7 = 12$. Hier ist erstens „links" und „rechts" die Basis gleich, d. h. der Zahlcharakter. Zweitens ist beiderseits der absolute Zahlwert gleich; jede Seite besitzt 12 Einheiten. Was verschieden ist, das ist die besondere

Zahlstruktur, welche der gleiche absolute Zahlwert angenommen hat. „Rechts" ist er in gleichmäßigem ununterbrochenem Fortschreiten aus 12 Einheiten aufgebaut. „Links" geschieht dieses gleichmäßige ununterbrochene Fortschreiten nur bis zur fünften Einheit. Nach dieser folgt ein Abschluß und damit eine Unterbrechung. Und nun wird wieder ebenso von der ersten Einheit an aufgebaut bis zur siebenten. Beide Gebilde sind dann aneinander (noch nicht aufeinander) gefügt. Hier ist also bei gleichem absoluten Zahlwert die Zahlstruktur die Unterschiedsweise.

Insofern die Naturgesetze auf mathematischen beruhen, gilt dies auch für sie. Freilich handelt es sich hier nicht lediglich um Zahlen, sondern um zahlenmäßig bestimmte Größen, um Quantitäten. Gemäß dem Wesen der Gleichung müssen die Gesamtquantitäten auf beiden Seiten der Gleichung gleich sein. Wenn die Gleichung keine identische sein soll, muß aber auch Unterschied zwischen ihnen bestehen. Da besteht die Möglichkeit, daß bei gleichen Gesamtquanten links und rechts die Zahlstruktur beiderseits verschieden ist entsprechend der rein mathematischen Funktion. Hier beruht also die Unterschiedsweise in der Quantitäts-Struktur. Das läßt sich verdeutlichen, wenn man in $ct = s$ einzelne Zahlwerte einsetzt. Dann ist $2 \cdot 5 = 10$. Es ergibt sich dann hier der Unterschied in der Zahlstruktur, wie wir ihn bei der mathematischen Gleichung erkannten. Nur daß hier diese Zahlen Kardinalzahlen sind und durch sie Quanten im Gesetz stehen.

Damit ist aber das Wesen der Glieder-Unterschiede in der naturgesetzlichen Funktion noch nicht genügend aufgehellt. Wenn nur die Quantitätsstruktur den Unterschied ausmachte, dann könnte es nur Gleichungen geben, bei denen die Qualität der Glieder gleichartig wäre. Es könnte dann nur Raumgleichungen geben von der Art wie $2\,cm + 5\,cm = 7\,cm$. Es gehört aber zum Wesen des Naturgesetzes, daß die verschiedenen Kategorien in ihm verschiedene logische Verbindungen miteinander bilden. In diesem Sinne haben wir am Anfang dieses Kapitels schon auf die Verbindung von Raum und Zeit in der Geschwindigkeit c hingewiesen. Nur durch solche Verbindung kann das tausendfach verflochtene Weltgefüge entstehen. Das aber ist nur möglich, wenn nicht nur Glieder mit Unterschied in der Quantität funktional voneinander abhängig werden. Es müssen auch Glieder mit qualitativen Differenzen aufeinander bezogen werden. Es muß als Unterschiedsweise zur Quantitätsstruktur noch die Qualitätsstruktur kommen. Verschieden große und dabei verschiedenartige Gebilde müssen verbunden sein. Und dennoch soll eine gleichartige Basis auf beiden Seiten vorhanden sein. Ist das nicht ein Widerspruch? Oder wie löst sich der scheinbare Widerspruch?

Unser Beispiel kann uns die Lösung lehren. $ct = s$. c und s sind Raumgrößen, aber keine reinen. Denn sie sind in Zeiten durchlaufene Räume. t ist eine Zeitgröße. Es sind also auch qualitative Unterschiede zwischen den Funktionsgliedern vorhanden. Es besteht eine Qualitätsstruktur, welche mit der Quantitätsstruktur den Unterschied der funktionalen Relate ausmacht. Es ist eine gleiche Basis vorhanden in c und s. Aber t ist ein Glied, das nicht räumlich ist. Dem von der Basis verschiedenen Glied in einer Gleichung geben wir den Namen: **der andere Faktor**. Es kann auch eine Mehrheit solcher anderen Faktoren vorhanden sein. Der andere Faktor kann den verschiedensten Kategorien oder Kategorienkomplexen angehören. Wie er in dem Gesetz der gleichförmigen Bewegung die Zeit ist, so ist er im Gay-Lussacschen Gesetz die Temperatur. Der andere Faktor ist also Bedingung dafür und Ausdruck davon, daß im Naturgesetz nicht nur qualitativ Gleichartiges aufeinander bezogen wird. Aber es ist nur die eine der Bedingungen.

Denn der andere Faktor darf ja nicht nur den basalen Gliedern angesetzt sein. Er muß ihnen logisch verbunden sein. Das geschieht dadurch, daß mindestens eins der Glieder, wenn nicht alle Glieder, die basale Kategorie mit der Kategorie des anderen Faktors in sich verbinden. Wir nennen ein solches Glied dann **Verbindungsfaktor**. Verbindungsfaktor ist c; denn c ist ja der in der Zeiteinheit durchlaufene Raum; hier also sind Raum und Zeit, die Kategorie der Basis und die des anderen Faktors komplex geworden. Weil schon in c die Kategorie des anderen Faktors drin ist, deshalb kann es mit ihm ein Produkt bilden. Ebenso ist aber auch s Verbindungsfaktor, insoweit es den in der Gesamtzeit durchlaufenen Raum darstellt. So sind Verbindungsfaktor und anderer Faktor die Möglichkeitsbedingungen dafür, daß die Gleichung Qualitätsstruktur besitzt. Ähnliche Verhältnisse, wie wir sie hier bei der Raumgleichung antrafen, finden sich auch bei den anderen Abhängigkeitsgleichungen.

Wie in den seitherigen Gleichungen Räume in Abhängigkeit voneinander standen, so können auch Zeiten in funktionaler Naturbeziehung zueinander stehen. Sie können es nur dadurch, daß sie jedesmal mit der Zahl verbunden sind. Wenn ein periodisch verlaufender Prozeß zu einer Periode die Zeit t braucht und p Perioden durchläuft, so braucht er dazu die Zeit T. Es gilt dann die Gleichung, die der bei der gleichförmigen Bewegung entspricht: $tp = T$. Auch eine solche Zeitfunktion läßt sich im gleichen Sinne, wie wir das für die Raumfunktion taten, von der allgemeinen naturgesetzlichen Funktion ableiten. Wenn eine Energiegröße NE zu einer Periode in einem Raum NR die Zeit $NZ = t$ braucht und p mal diese Periode durchläuft, dann braucht $NE = N'E$ auf diesem Raum $N'R = NR$ die Zeit $N'Z = T$. Auch hier ist NE durch seine Wirkung schon in $NZ = t$ enthalten; die Zeit, die zu einer Periode nötig ist, ist schon ein

Ergebnis der Energie; also kann die Energie nicht noch einmal Faktor sein. Ebenso ist auch die Zeit T, welche zu dem ganzen Prozeß nötig ist, schon ein Ergebnis der Energie, die also in der Gleichung wegbleiben kann. Ebenso ist NR schon in t als seiner Funktion enthalten; müßte die Periode einen größeren Raum etwa durchlaufen, so würde ceteris paribus t entsprechend größer; in gleicher Weise ist NR auch schon in T enthalten, so daß es wegbleiben muß in der Gleichung. Die Periodenzahl ist die Zahl für eine spezifische Kategorienkomplexion. So hängt auch dies Gesetz und seine Gesetzesart mit dem allgemeinen Naturgesetz zusammen.

Zeitfunktionen im dargestellten Sinne sind also Spezifikationen der allgemeinen naturgesetzlichen Funktion, in denen eine Zeitgröße durch eine andere Zeitgröße (zusammen mit einer anderen Größe) bestimmt wird. Bei der Abhängigkeit irgendeiner anderen Größe von einer Zeitgröße würden wir noch nicht von Zeitfunktion sprechen.

Auch hier ist nach der Unterschiedsweise zu fragen, und es ergibt sich Entsprechendes wie bei der Raumfunktion. Auch hier ist die Zahl Basis und der absolute Zahlwert ist beiderseits gleich. Aber die Zahlstruktur ist beiderseits verschieden. Da hier die Zahlen Kardinalzahlen sind, bedeutet die Zahlstruktur zugleich Quantitätsstruktur; und diese ist „links" und „rechts" verschieden. Zur Ermöglichung der Unterschiedsweise verbindet sich auch hier mit der Quantitätsstruktur die Qualitätsstruktur. Eine Zeitgröße mit einer komplexen Größe (p) ergibt eine andere Zeitgröße. p ist hier der andere Faktor, der zu den basalen Gliedern hinzukommt. t als die zu einem Umlauf nötige Zeit ist Verbindungsfaktor, da ja auch p auf die durchlaufenen Perioden sich bezieht.

Entsprechend dieser Raumfunktion und Zeitfunktion verhält sich nun auch die Energie-Funktion. Die Energie tritt wie Raum und Zeit in das Gefüge der Natur als eine zahlenmäßig bestimmte. In einer Energiefunktion hängt ein Energiequantum von einem anderen Energiequantum ab vermittels eines anderen Faktors. Nur bei der Abhängigkeit eines Energiequantums von einem anderen Energiequantum werden wir von Energiefunktion sprechen, nicht aber bei der Beziehung von Energie auf eine andersartige Größe. Ein Beispiel für diese Art von Gesetzen ist das von Joule. Die einen Draht in der Zeiteinheit durchfließende Elektrizitätsmenge wird als Stromstärke (J) bezeichnet. Der Draht setzt dem Strom einen Widerstand entgegen (R), durch den ein Teil der Elektrizität in Wärme (W) umgesetzt wird. Es besteht also eine Abhängigkeitsfunktion zwischen J und R einerseits und W andererseits nach der Formel: $J^2 R = W$.

Wir brauchen nicht mehr die Energie-Funktion aus dem allgemeinen Naturgesetz abzuleiten. Die Ableitung wäre prinzipiell nichts Neues und verliefe entsprechend der bei Zeit- und Raum-Gleichungen. Auch hier wurzelt die Unterschiedsweise in der mathematischen Zahlstruktur, die reale Größen bestimmend zur Quantitätsstruktur wird. Die Quantitätsstruktur ist verbunden mit Qualitätsstruktur. In der Jouleschen Gleichung werden zwei Energiearten in Abhängigkeit voneinander gesetzt vermittels des anderen Faktors R. R ist ein komplexes Gebilde, in dem Raum wie Energie enthalten sind. Vermittlungsfaktor ist hier die Stromstärke J, da ja auch in ihr Energie und Raum aufeinander bezogen sind.

Raumfunktionen, Zeitfunktionen, Energiefunktionen sind, nach der Basis betrachtet, die drei elementaren Arten naturgesetzlicher Funktionen. Sie können sich nun zu komplexen Funktionen verbinden derart, daß Komplexe aus den drei Kategorien, die jenen drei Gesetzesarten zugrunde liegen, nun Funktionsbasis werden. So können etwa Geschwindigkeiten in Abhängigkeit voneinander stehen, so daß dann von einer Geschwindigkeitsfunktion zu reden ist. Zu den komplexen Funktionen gehören auch die Stoffunktionen. Denn die chemischen Stoffe und Reaktionen sind einerseits energetisch bestimmt, andererseits auch durch jeweils spezifische räumliche Anordnung ihrer Bestandteile bedingt, so daß in einer Gleichung wie $H_2 + O = H_2O$ Raum-Energiekomplexe in Relation stehen.

Wir haben bisher Zeitfunktionen, Raumfunktionen, Energiefunktionen und solche komplexer kategorialer Beschaffenheit als Arten von Naturgesetzen kennengelernt. Nun ist aber die Zeit Voraussetzung aller Naturvorgänge, nicht nur der durch Zeitfunktionen bestimmten. Auch was nach Raumfunktionen oder Energiefunktionen geschieht, vollzieht sich in der Zeit. Der Übergang von Elektrizität in Wärme ist ein zeitlicher Prozeß genau so wie das Zurücklegen eines Wegs.

Wenn so die Zeit eine Möglichkeitsbedingung alles Naturgeschehens ist, so erhebt sich die Frage, ob nicht von ihr aus eine Aufgliederung des Naturgesetzes in Arten möglich ist. Lassen sich etwa verschiedene zeitliche Relationen denken, die Grundlage ebenso verschiedener Arten von Naturgesetzen sind? Diese Frage wird nahe gelegt durch eine übliche Bezeichnung. Man pflegt Naturgesetze als Kausalgesetze zu bezeichnen, und man meint dabei in der Regel Beziehungen, die zwar nicht nur zeitlich sind, die aber auch zeitlich sind, insofern man dabei an die Abhängigkeit des zeitlich Folgenden vom zeitlich Vorangehenden denkt, an die Abhängigkeit der zeitlich folgenden Wirkung von der zeitlich vorangehenden Ursache. Wir haben bis jetzt die Bezeichnungen „Kausalität", „Ursache", „Wirkung" vermieden. Denn das Naturgesetz ist nicht identisch mit dem Kausalgesetz, das kausale Naturgesetz ist nur eine Art von Naturgesetz. Die folgenden Untersuchungen sollen das zeigen.

Es beruht die Kausalität auf einer besonderen zeitlichen Beziehung, der der Zeitfolge. Ist das aber die einzige Weise, auf die zeitliche Gegenstände bezogen sein können? Offenbar nicht. Es gibt auch noch die Gleichzeitigkeit. Zeitfolge und Gleichzeitigkeit sind die beiden Arten zeitlicher Relation. Sollte es dem entsprechend naturgesetzliche Funktionen der Zeitfolge und solche der Gleichzeitigkeit geben? Wir wollen erst die bekannteste Art, die Gesetze der Zeitfolge, der Kausalität studieren.[1]) Von dort wird sich uns der Zugang zu den Gesetzen des Zugleich erschließen.[2])

Die Seite einer Folgefunktion, welche der anderen vorangeht, bezeichnen wir als Ursache. Das Joulesche Gesetz, das nach seiner basalen Kategorie als Energiefunktion zu bezeichnen war, ist nach der zeitlichen Beziehung seiner Seiten eine Folgefunktion. Erst muß die elektrische Energie auf den Widerstand auftreffen, ehe Wärme entsteht. $J^2 R$ ist also hier Ursache für W.

An diesem Beispiel zeigt sich gleich ein Grundsätzliches für die Ursächlichkeit. Es muß immer eine Mehrheit von Ursachen, mindestens eine Zweiheit vorhanden sein, wie es in unserem Beispiel J^2 und R sind. Es können aber eine große Menge Ursachen nötig sein für das Eintreten einer Wirkung. So sind etwa für die Assimilation im Pflanzenblatt notwendig: Chlorophyllkörner, Sonnenenergie, CO_2, H_2O usw. Dies Prinzip von der Mehrheit der Ursachen ist leicht einsichtig. Wenn ein ruhendes oder bewegtes System plötzlich seinen Zustand verändern würde, bestünde ja kein Grund für diese Veränderung. Die Art der Veränderung ist also bedingt sowohl durch dies System als auch durch einen weiteren Faktor, der mit diesem System zusammentrifft. (Über die besondere Beschaffenheit dieses weiteren Faktors wird noch zu reden sein.) Es ist die Voraussetzung durchgängiger Bezogenheit des Folgenden auf das Vorangehende, also die Voraussetzung der Kausalität selber, welche eine Mehrzahl von Ursachen notwendig macht. Es bestünde kein Grund für die Umwandlung von Energie in Wärme, wenn sie nicht auf den Widerstand träfe; und ebensowenig kann der Widerstand aus sich heraus Wärme erzeugen; es muß im Komplex der Ursachen elektrischer Strom und Widerstand zusammen-

---

1) Über Kausalität vgl. besonders die ausführliche Darstellung von Erich Becher in Nat. philos.

2) Bei der Frage nach Naturgesetzen der Gleichzeitigkeit denken wir eben nicht an die dritte Analogie Kants, an den „Grundsatz des Zugleichseins, nach dem Gesetze der Wechselwirkung oder Gemeinschaft". Denn dieser bezeichnet die Einheit der Gesamtnatur in einer Zeit, enthält also kein einzelnes Gesetz, das neben anderen einzelnen Gesetzen stünde, sondern das Gesetz der universellen Bezogenheit aller Bestimmtheiten durch Einzelgesetze.

treffen.[1]) Der Verband aller Ursachen eines Vorgangs ist nach Becher (Natphil. S. 153f.) als Gesamtursache zu bezeichnen.

Es ist mehr als die bloße Mehrzahl von Ursachen, was für den durchgehenden Naturzusammenhang erfordert wird. Die verschiedenen Ursachen müssen in Relation zueinander stehen, und diese Relation ist die Bedingung für ihre Relation zur Wirkung. Die Stromstärke muß auftreffen auf den Widerstand. Die Wärme muß in das Quecksilberoxyd eindringen, damit es sich zersetzt. In der Relation der Ursachen ist das eine Relat das Wirkende und das andere Relat das, auf das es wirkt. Doch geht die Relation in beiden Richtungen. Jedes Relat ist sowohl Wirkendes auf das andere, als auch Gegenstand der Wirkung des anderen. Der Widerstand wirkt auf die Elektrizität und die Elektrizität trifft auf den Widerstand. Die Wärme wirkt auf das Quecksilberoxyd, indem sie es zersetzt. Das Quecksilberoxyd wirkt auf die Wärme, indem es diese in chemische Energie umsetzt.

Nun fragt es sich, ob die Glieder der kausalen Relation, deren jedes sowohl Wirkendes als auch Wirkungsgegenstand ist, nicht andere logische Differenzen aufweisen.

Wieder begegnen wir hier der Zeit. Jeder der Faktoren kann für sich allein bestehen. Damit freilich ist er noch nicht Ursache; denn dies ist er ja durch sein Wirken. Wohl ist er aber mögliche Ursache. Die Elektrizität besteht, ehe sie den Draht durchläuft, freilich wird sie zum Ursachfaktor nach unserem Gesetzes-Beispiel erst im Draht. Der Draht hat seinen Querschnitt, seine Länge, seine chemische Beschaffenheit, die ihn zum Kupferdraht oder zum Bleidraht macht, auch ehe Elektrizität durch ihn hindurchgeht. Aber diese Eigenschaften werden zum Kausalfaktor R erst, wenn ein elektrischer Strom durch den Draht fließt.

Alle Faktoren minus einem können auch zusammen bestehen, ohne daß aber die Wirkung eintritt.[2]) Freilich kann es dann sein, daß eine andere Wirkung eintritt. Die Ursachen müssen also, ehe sie beginnen eine Wirkung auszuüben, getrennt gewesen sein. Wären sie vorher vereinigt gewesen, so wäre schon vorher die Wirkung eingetreten. Aber es ist dabei nicht nötig, daß jede Ursache von jeder anderen Ursache getrennt war.

Wenn alle Faktoren minus einem vereinigt sind, dann bestimmt dieser eine letzte durch den Zeitpunkt seines Eintretens in den Kausalkomplex

---

1) Von anderer Basis als wir hat den „Satz von der Pluralität der Bedingungen" Max Verworn und vor ihm Mach betont. Vgl. auch Siemens. Liebetraut sagt in Goethes Götz: „Alle Dinge haben ein paar Ursachen."

2) Mit Ausdrücken, welche die Mathematik von ihren Bedingungen gebraucht, können wir auch sagen: Alle Faktoren minus einem sind zwar notwendige, aber nicht hinreichende Ursachen.

den Zeitpunkt für das Eintreten der Wirkung. Wir nennen den Faktor, der durch den Zeitpunkt seines Zusammentreffens mit den anderen Faktoren den Zeitpunkt der Wirkung bestimmt, den Zeitfaktor.[1]) Es muß nicht immer ein einzelner Zeitfaktor sein. Eine Mehrzahl von Gliedern eines Ursachgefüges kann gleichzeitig zusammentreffen, so daß sie alle Zeitfaktoren sind. Es können auch alle Glieder einer Gesamtursache Zeitfaktoren sein. Es ist nicht in der naturgesetzlichen Funktion bestimmt, welche der Ursachen Zeitfaktor ist. Jeder der Faktoren kann als letzter in den Verband der Gesamtursache eintreten.

Nun ist der Zeitfaktor von besonderer naturgeschichtlicher Bedeutung. Denn er bestimmt ja, wann im zeitlichen Ablauf des Naturgeschehens ein bestimmtes Naturereignis eintritt. Von der zuletzt hinzukommenden Ursache hängt ja das Eintreten des Ganzen ab.

Jede Wirkung W ist wieder Ursache einer neuen Wirkung W_1. W_1 hängt aber nach dem Prinzip der Mehrzahl der Ursachen nicht nur von W ab, sondern von einer Mehrheit von Faktoren F, F'. Erst $F + F' + W = W_1$. Nun ist aber die Natur in dauernder Veränderung begriffen. Wäre W später eingetroffen, so wäre es gar nicht mehr F und F' begegnet, sondern neuen Faktoren F_1 und F'_1. Dann wäre nicht mehr W_1 entstanden, sondern W'_1. Die Differenz zwischen W_1 und W'_1 kann sehr klein, aber auch sehr groß sein. Es hängt also vom Zeitpunkt des Eintretens einer Wirkung ab, welche Nachwirkungen sie hat. Dieser Zeitpunkt des Eintretens der Wirkung ist aber durch den Zeitpunkt des Eintretens des Zeitfaktors in die Gesamtursache gegeben. Da also durch den Zeitfaktor bestimmt wird, zu welcher Situation der Umwelt die Wirkung eintritt, so wird insofern durch den Zeitfaktor auch die Nachwirkung bestimmt.

Da der Zeitfaktor ein Geschehen auslöst, dessen übriger Ursachen-Bestand schon vorher in Relation getreten war, braucht er nicht in Beziehung zur Quantität der Wirkung zu stehen. Hier ist das halbe Recht und halbe Unrecht des Satzes: Kleine Ursache, große Wirkung, sofern man diesen Satz rein naturwissenschaftlich nimmt. (Historisch kann der Satz auch besagen: der naturgesetzliche Energiegehalt eines historischen Geschehens

---

1) Unser „Zeitfaktor" ist ähnlich der „Auslösung" bei Robert Mayer. Doch war Mayer der Meinung, daß für die Auslösung keine quantitative Beziehung zur Wirkung bestehe. Dagegen hat Riehl treffend gesagt (S. 182): „Sofern die Auslösung Arbeit leistet durch Überwindung des kleinen Widerstandes gegen die Gleichgewichtsverschiebung des Systems, worauf sie einwirkt, muß sie auch Arbeit oder Energie von entsprechend kleinem Betrage verbrauchen und soweit bildet sie also keine Ausnahme von dem Gesetze der Proportionalität von Leistung und Verbrauch." — Unser Zeitfaktor entspricht wohl dem, was Riehl an derselben Stelle „Ursache der Einleitung eines Vorgangs" im Unterschied von der „Ursache der Größe eines Vorgangs" nennt.

steht in keiner Beziehung zu seiner Wertbedeutung.) Recht hat der Satz
insofern, als die Größe der Wirkung nicht allein von einer Einzelursache,
also auch nicht allein vom Zeitfaktor abhängt. Irrig ist der Satz, wenn er
die Wirkung auf eine Einzelursache wie den Zeitfaktor zurückführen will.
Der Funke, genauer der Wärmegehalt des Funkens, der ins Pulverfaß fällt,
ist ein Zeitfaktor, der gewiß für sich allein nicht gleichgroß mit der Wirkung
ist. Aber er ist auch nicht die Gesamtursache, zu der eben noch das
„Pulverfaß" gehört.

Wie es Zeitfaktoren gibt, gibt es so nun auch Raumfaktoren? Gibt
es innerhalb des Gefüges von Ursachen eine besondere Ursache, welche dem
Kausalprozeß den Ort des Eintretens bestimmt, wie der Zeitfaktor den
Zeitpunkt des Eintretens bestimmte? Wenn alle Faktoren zusammentreffen müssen, damit ein neues Geschehen in Bewegung gerate, so muß
der Ort ihres Zusammentreffens ihnen gemeinsam sein. Hier ist also kein
Faktor, der auf besondere Weise den Ort bestimmte.

Anders ist es, wenn man nicht an den Ort des Zusammentreffens der
Ursachen denkt, sondern an den räumlichen Charakter der Wirkung, an
die Richtung der Wirkung. Hier lassen sich in der Tat Richtungsfaktoren entdecken. In einer Lösung gerate ein Teilchen des gelösten Stoffs
in das Kraftfeld eines Kristallkeims. Die Stelle, an der es in das Kraftfeld
eintritt, ist der gemeinsame Ort für die beiden Faktoren. Nun aber wird
das Teilchen in das Kraftfeld hineingezogen auf den Keim hin. Hier übt
also der eine der Faktoren richtunggebenden Einfluß aus. Solche Richtungsfaktoren sind insofern mit den Zeitfaktoren nicht logisch gleichstufig,
als sie die Raumverhältnisse des gesamten Wirkungsverlaufs bedingen,
während die Zeitfaktoren nichts über den Zeitverlauf der Wirkung bestimmen.

In einer naturgeschichtlichen Hinsicht entsprechen sich dagegen
Richtungsfaktoren und Zeitfaktoren. Von beiden hängt es ab, in welche
umweltliche Konstellation die Wirkung hineingerät. Damals erkannten
wir: Würde der Zeitfaktor an einer anderen Zeitstelle seinen Anstoß gegeben haben, so wäre die Wirkung in andere Verhältnisse der Umwelt
hineingeraten und hätte deshalb eine andere. Nachwirkung gehabt. Ähnliches gilt auch hier. Hätte der Richtungsfaktor der Wirkung eine andere
Richtung verliehen, so wäre sie in eine andersartige Umwelt eingedrungen.
Sie hätte mit einer andersartigen Umwelt auch eine andersartige Nachwirkung ausgeübt. Die Unterschiede mögen sehr klein sein, sie können
aber auch sehr groß sein. Man denke nur an das Fahren einer Kurve durch
ein Auto: was geschehen kann durch einen geringen Unterschied in der
Steuerung, die ja hier den Richtungsfaktor enthält.

Wir haben bisher Zeitfaktoren und Raumfaktoren untersucht. Nun ist aber auch die Energie Voraussetzung der naturgesetzlichen Funktionen. Sollte es dann auch Energiefaktoren geben? Die mathematisch bestimmte Raumstelle des Zusammentreffens mußte für alle Faktoren dieselbe sein. Ebenso mußte es eine einzige mathematisch bestimmte Zeitstelle sein, an der alle Faktoren zusammentrafen, mochte auch ein Teil der Faktoren schon vorher verbunden sein. Für die Faktoren, die an der gemeinsamen Raum-Zeit-Stelle wirken, besteht aber nicht die gleiche Einheitsbindung in bezug auf die Energie. Die Energien können außerordentlich verschieden sein, verschieden an Qualität und Quantität. Dann kann es sein, daß eine zwar notwendige Mitursache dennoch ein geringes Energiequantum für die Wirkung liefert. Die Hauptmenge der Energie wird dann von einer anderen Ursache geliefert, die dann als Energiefaktor bezeichnet werden kann.[1] Hierhin gehört das oft erwogene Beispiel von dem Funken, der ins Pulverfaß fällt. Das Energiequantum des Funkens ist ganz gering im Vergleich zur Energie der Wirkung, die aus dem Pulverfaß stammt. Energiefaktor ist dann das Pulver, während der Funke der Zeitfaktor ist.

Nicht nur nach der Zahl von Zeit, Raum, Energie sind die Ursachen zu unterscheiden. Es bestehen auch qualitative Unterschiede, so daß man von verschiedenen Qualitätsfaktoren sprechen kann. So sind überall bei den Organismen qualitativ verschiedene Form- und Materialfaktoren zu unterscheiden. Wenn der Vogel sein Nest baut, sind Reisig, Lehm usw. Materialfaktoren für dieses Nest; der Vogel selbst ist der (in sich komplexe) Formfaktor. Aber auch, wenn Nahrung aufgenommen und zum Bau irgendeines Organes etwa des Auges benutzt wird, stellt die Nahrung selbst den Materialfaktor dar, im Organismus selbst ist der Formfaktor enthalten. Beide Faktoren sind gleich notwendig, aber sie liefern für das Entstehen der Wirkung verschiedenartige Beiträge.

Nachdem wir so die Differenzen zwischen den einzelnen Faktoren berührt haben, wenden wir uns wieder ihrer Verbindung zu. Wir haben gesehen, daß die einzelnen Faktoren für sich allein bestehen konnten vor der Wirkung. Wir haben gesehen, daß auch alle minus einem zusammen bestehen konnten, ohne daß die Wirkung sich vollzog. Man pflegt ungefähr zu sagen: wenn die Ursachen eintreten, dann müsse die Wirkung eintreten. Aber eingetreten sein können die Ursachen jede für sich schon, ohne daß sich eine Wirkung ergibt; freilich fungieren sie dann noch nicht als Ursachen. Es ist deshalb eindeutiger, nicht zu sagen, wenn die Ursachen eintreten, sondern wenn die Ursachen zusammentreten, dann trete die Wirkung ein. Konnten alle minus einer Ursache zusammen bestehen, ohne

---

1) Unser Energiefaktor in diesem Sinne entspricht Riehls (S. 182) „Ursache der Größe eines Vorgangs".

daß die Wirkung eintrat, so ist das nun nicht mehr möglich. Die Ursachen sind zusammen unbeständig. Auf dieser Labilität beruht ja der Übergang in die Wirkung.

Man muß sich an dieser Stelle vor einer Verwechslung hüten. Man muß nämlich die Ursachen der Wirkung und die Bedingungen für das Eintreten des Gesetzes unterscheiden, wenn auch derselbe Gegenstand in bestimmten Fällen beides zugleich sein kann. Ein Gesetz bestimmt nicht schlechthin seinen Gegenstand, es setzt ihn nur unter bestimmten Bedingungen. Es setzt z. B. nicht einfach „die Seiten sind gleich", vielmehr ist sein Sinn: „Wenn in einem Dreieck die Winkel gleich sind, dann sind auch die Seiten gleich." Seitengleichheit bestimmt es also nur unter der Bedingung der Winkelgleichheit. Es setzt nicht einfach: der Körper legt den Weg s zurück, vielmehr gibt es an: „Wenn ein Körper mit der Geschwindigkeit c sich gleichförmig die Zeit t bewegt, dann legt er den Weg s zurück." Man sagt, die Gesetze haben einen „hypothetischen Charakter". Wie das planimetrische Beispiel zeigt, besitzen nicht nur die Naturgesetze, sondern auch die mathematischen Gesetze diesen Charakter. Wenn das Gesetz angibt, was unter bestimmten Bedingungen geschieht, so haben diese Bedingungen zweierlei Sinn. Sie sind erstens Bedingungen für das Eintreten des Gesetzes, und sie sind zweitens Bedingungen für das Eintreten des dem Gesetze gemäß Bedingten. Die Winkelgleichheit in einem Dreieck ist erstens Bedingung für das Eintreten des Gesetzes für die Beziehung von Winkelgleichheit und Seitenlänge; sie ist zweitens Bedingung für die Seitengleichheit. Wenn ein Strom J durch den Draht mit dem Widerstand R fließt, so ist das erstens Bedingung für das Eintreten des Jouleschen Gesetzes und zweitens für eine Wärme W gemäß jenem Gesetz. Beide Bedingungsleistungen, so scharf sie unterschieden werden müssen, sind dennoch in einem. Denn indem ein Gegenstand Bedingung für das Eintreten des Gesetzes ist, ist er auch Bedingung für das nach diesem Gesetz bestimmte Bedingte. Und indem er Bedingung für sein Bedingtes ist, ist er auch Bedingung für das Eintreten des Gesetzes, nach welchem das Hervorgehen dieses Bedingten verläuft. Bedeutet Bedingung für das Eintreten eines Gesetzes auch schon Bedingung für das gesetzmäßig Bedingte, so bedeutet es noch nicht Ursache für eine Wirkung. Die Gleichwinkligkeit des Dreieckes ist doch wahrhaftig nicht die Ursache der Gleichseitigkeit. Das scheint so selbstverständlich, daß man sich wundern mag, weshalb es überhaupt so betont wird. Es ist auch nicht nur der Wille zur logischen Klarheit, der das Selbstverständliche bewußt machen und deutlich einsehen will, welcher uns zu dieser Betonung führt. Dies geschieht auch zur Abwehr eines Mißverständnisses. Die Meinung, daß alle Naturgesetze Kausalgesetze seien, zehrt nämlich von der Verwechslung des eben Unterschiedenen. Man kann mit Recht allen Naturgesetzen die Form geben: „Wenn ..., dann ..." Nun wird man versucht zu meinen, der Wenn-Satz enthalte die Ursache, der Dann-Satz die Wirkung. Allgemein läßt sich aber nur sagen, daß der Wenn-Satz die Bedingung in der doppelten Bedeutung enthält. Nur in dem Spezialfall, daß es sich um ein echtes Kausalgesetz handelt, enthält der Wenn-Satz die Bedingung für das Eintreten des Kausalgesetzes und zugleich die Ursache für die kausale Wirkung. Man darf aber aus diesem Sonderfall nicht aufs Allgemeine schließen.

Wir haben vorhin betont, daß die Ursachen zusammen unbeständig sind, daß sie in die Wirkung übergehen. Darin ist auch gesagt, daß die Wirkung notwendig ist. Der Sinn dieser Notwendigkeit des kausalen Bewirkens ist nun klarzustellen.[1]) Er bedeutet zunächst einmal Denknotwendigkeit. Man hat darüber gestritten, ob Kausalität denknotwendig sei oder nicht. Man muß den Sinn oder die verschiedenen Sinne dieser Denknotwendigkeit deutlich machen; dann scheint der Streit schlichtbar zu sein. Dann sieht man, daß bei einer bestimmten Bedeutung von „Denken" die Leugner der Denknotwendigkeit recht haben, bei einer anderen bestimmten Bedeutung des Wortes aber die Bejaher der Denknotwendigkeit im Recht sind. Man kann mit „Denken" meinen unser subjektives Vorstellen. Gewiß kann man sich in der Phantasie das Bild vorstellen, daß plötzlich am Himmel eine riesige rote Rose erscheint, ohne daß sonst etwas in der Welt verändert ist. Gewiß kann man dies Phantasiebild auch in einem Satz formulieren, wie wir's eben taten. Versteht man also unter „Denken" ein phantasiemäßiges Vorstellen und seine sprachliche Formulierung, so ist hier den Leugnern der Denknotwendigkeit der Kausalität beizupflichten. Für diese Art Denken besteht keine Notwendigkeit eines kausalen Konnexes.[2])

„Denken" hat aber noch einen anderen Sinn. Denken ist auch Stiften von Zusammenhang und zwar von einheitlichem Zusammenhang aller seiner Gegenstände. Auch im außerwissenschaftlichen Denken ist es das. Auch etwa das mythische Denken würde jene Rose in Zusammenhang stellen, es würde etwa die Ursache der Rose in einem Dämon oder in Gott suchen. Zusammenhangstiftung ist auch das Wesen des wissenschaftlichen Denkens, auch des naturwissenschaftlichen und zwar ist es hier Stiftung von räumlichem, zeitlichem, energetischem Zusammenhang. Es genügt dabei nicht, bloß die Raumstelle oder bloß die Zeitstelle eines

---

1) Vgl. hierzu besonders H ö n i g s w a l d, Beiträge.

2) Hieran denkt wohl B e c h e r, Nat. phil. S. 148, wenn er meint: „Es liegt keinerlei Denkunmöglichkeit vor, die mich z. B. zu denken verhinderte, daß ich nach 10 Sekunden eine ursachlose Empfindung erleben werde."

Gegenstandes zu bestimmen. Vielmehr müssen die Gegenstände zugleich durch Raum, Zeit, Energie und die sie alle begrenzende und einteilende Zahl aufeinander bezogen werden. Für eine derartige Beziehung ist die Kausalität notwendige Voraussetzung. Kausalität ist denknotwendig für naturwissenschaftliches Denken, ist eine der notwendigen Voraussetzungen der Naturwissenschaft.

Nun ist dies naturwissenschaftliche Denken aber kein bloß subjektiver Vorgang, weder ein individuell-subjektiver noch ein menschheitlich-subjektiver. Vielmehr erfaßt es objektive Verhältnisse.[1]) Dann ist Kausalität nicht bloß denknotwendig, sondern auch sachnotwendig (der Holländer sagt „notsachlich"), dann ist sie nicht nur eine notwendige Voraussetzung der Naturwissenschaft, sondern auch eine notwendige Voraussetzung der Gegenstände der Naturwissenschaft. Es besteht also in diesem Sinne Notwendigkeit, daß die Gesamtheit der Ursachen, wenn sie zusammen sind, unbeständig ist. Es besteht Notwendigkeit, daß die Gesamtheit der vereinigten Ursachen sich in die Wirkung umsetzt. Aus der Notwendigkeit dieser Prozesse ergibt sich auch, daß sie stets verlaufen, wenn die Ursachen zusammen getroffen sind.

Wie diese Notwendigkeit möglich ist, das ergibt sich leicht von der Basis der Transzendentalphilosophie, des objektiven Idealismus. Wir erkannten oben schon: Weil die mathematischen Gesetze objektive, von uns unabhängige Voraussetzungen der Natur sind, deshalb behalten sogar die mathematischen Umformungen von Naturgesetzen ihren Sinn in bezug auf die Natur. Nun läßt sich sagen: Weil die Gesamtheit der Naturgesetze Voraussetzung der Natur ist, weil sie als Voraussetzung in der Natur ist, deshalb kann sie auch den Beziehungen in der Natur ihre Notwendigkeit verleihen. Das Naturgesetz muß nicht von Irgendwoher erst herankommen, wenn die Ursachen alle zusammen sind, um dann die Wirkung einzuleiten. Es ist schon als logische Grundlage in den Ursachen enthalten. Sie folgen also ihren eigenen logischen Voraussetzungen, ihrem eigenen logischen Wesen, das in und mit ihnen gesetzt ist, wenn sie in die Wirkung übergehen. Man mag hier an Spinozas Ausdruck denken, „ex solis suae naturae legibus et nemine coactus" (Ethica, Propos. XVII). (Damit soll natürlich keine Auseinandersetzung mit der spinozistischen Gotteslehre angedeutet sein.) Dies „nur aus den Gesetzen seiner Natur und von niemand gezwungen" gilt in dem dargelegten Sinn auch von den Ursachen.

---

1) Diese Objektivität der Natur-Gegenstände wird heute von den verschiedensten Richtungen der Philosophie betont, mögen sie ihre Stellung als „kritischen Idealismus" oder als „kritischen Realismus" bezeichnen. Auch in der Physik gibt es Stimmen gegen den Subjektivismus etwa Machs. Wir nennen z. B. Wiener und Planck.

Wir können nun dazu übergehen, die Wirkung nach ihren räumlichen, zeitlichen, energetischen Verhältnissen zu untersuchen. Der Ort des Zusammentretens der Ursachen ist auch der Ort des Beginnens der Wirkung. Wir müssen also Fernkräfte leugnen, die räumlich voneinander entfernte Gegenstände ohne einen Vermittler zwischen ihnen verbinden sollten, bei denen sich also die Wirkung an einem anderen Orte vollzieht als dem der Ursachen. Schon Leibniz hat die Fernkräfte als qualitates occultae abgewehrt. „Und wenn man die Entwicklung der physikalischen Grundanschauungen im 19. Jahrhundert kurz kennzeichnen will, so kann man sagen, sie erstrebte ... die grundsätzliche Beseitigung der Fernkräfte.“ (Wiener, Grundgesetze S. 5.) Wäre zwischen dem Ort der Ursache und dem Ort der Wirkung ein Zwischenraum, so wäre der einheitliche Naturzusammenhang, dessen Mitbegründung gerade Sinn der Kausalgesetze ist, zerrissen. Es wäre unverständlich, wie die Wirkung vom Ursachsort zum Wirkungsort kommen sollte.[1]

Die Identität des Ursachsortes mit dem Ort der beginnenden Wirkung besagt noch nichts über den weiteren räumlichen Verlauf der Wirkung. Sie braucht ja nicht an jenem Ort zu bleiben wie die Kugel, die weggestoßen wird. Das wurde schon bei der Erörterung des Richtungsfaktors erwähnt.

In einer bestimmten Hinsicht ähnlich verhält sich auch die Zeit. Auch der Zeitpunkt des Zusammentretens der Ursachen ist der Zeitpunkt für den Beginn der Wirkung. Freilich ist das eine unendlich kleine Zeit. Denn für den Verlauf der Wirkung besteht hier ein Unterschied zwischen Raum und Zeit. Die Wirkung kann sich zwar vom Ursachsort und ihrem Entstehungsort wegbewegen. Aber sie muß es nicht. Der Draht, welcher gegen den Strom den Widerstand leistet, ist auch der Ort der Erwärmung. Anders ist es mit der Zeit. Sie steht ja nicht still. Der Verlauf der Wirkung kann nicht an der Zeitstelle beharren, wo sie begann. Der Verlauf der Wirkung folgt in kontinuierlicher Nachzeitigkeit auf den unendlich kleinen Zeitpunkt des Zusammentreffens der Ursachen, welcher auch der Zeitpunkt für den Beginn der Wirkung ist. Die Notwendigkeit des kontinuierlichen Zeitzusammenhangs folgt aus demselben Grunde wie die oben erörterte Ortsgleichheit. Ohne diese Kontinuität wäre der Zusammenhang der Natur zerrissen. Es wäre unerfindlich, was in der Zwischenzeit sein sollte, wie nach einer Zeitpause auf einmal die Wirkung sich vollziehen sollte.

Von hier aus läßt sich auch die von Wundt aufgestellte Antinomie schlichten.[2] Wundt stellte die Thesis: „Die Wirkung muß der Ursache

---

1) Über räumliche und zeitliche Kontinuität vgl. Sigwart, Bd. II, S. 145.
2) Wundt, Mechanik, S. 129.

nachfolgen" in Widerstreit mit der Antithesis: „Die Wirkung muß immer streng gleichzeitig ihrer Ursache sein." Aus unseren Unterscheidungen ergibt sich eine Schlichtung des Streites. Die Antithesis hat Recht für die unendlich kleine Zeit des Zusammentreffens der Ursachen und des Beginnens der Wirkung. Die Thesis hat recht, insofern erstens die Ursachen schon vor ihrer Verbindung da waren, insofern zweitens und besonders der Wirkungsverlauf auf die Verbindung der Ursachen zeitlich folgt.

War die Kontinuität im Raum die des gleichen Ortes, in der Zeit die der kontinuierlichen Folge, so ist sie in der **Energie** die des **kontinuierlichen Übergangs.** Es geht von dem Ursachkomplex in die Wirkung ein Energiebetrag über, ein **Kausalitätsbetrag.**[1]) Der Besitz von abgebbarem Kausalitätsbetrag macht die Ursache erst zur Ursache. Ja dieser abgebbare Kausalitätsbetrag ist im strengen Sinne allein Ursache. Das drückt auch die „linke Seite" der natürlichen Kausalgleichung aus. Sie besagt in unserem Beispiel des Jouleschen Gesetzes nicht bloß, daß elektrischer Strom und Widerstand Wärme ergibt. Sie besagt auch, welcher Kausalitätsbetrag umgesetzt wird, nämlich J^2R. Sie gibt also nicht bloß an, was vor dem Übergang von dem Ursachenkomplex in dem Wirkungskomplex da war, sie bestimmt auch das Maß dessen, was übergeht. Und zwar bestimmt sie das Maß des Übergehenden nach den Größen der Gesamtursache, in unserem Falle nach der Größe der Stromstärke und der Größe des Widerstandes.

Der Kausalitätsbetrag stellt eine Relation zwischen den Ursachen dar. Diese kann eine gegenseitige Grenzsetzung sein. So ist es z.B. in chemischen Formeln wie $H + Cl = 2HCl$. Hier ist bestimmt, wieviel Wasserstoffatome in die Verbindung eingehen können. Weitere Wasserstoffatome sind unwirksam, liefern keinen Kausalitätsbetrag. Andererseits ist auch den Chloratomen ihre relative Zahl festgesetzt, über die hinaus sie nicht als Ursache auftreten können. Anders aber ist es bei dem Jouleschen Gesetz. Hier besteht diese Einschränkung nicht (natürlich nur soweit nicht andere Wirkungen eintreten). Bei dem ersten Typus kann die eine Ursache nur zunehmen, wenn auch die andere entsprechend zunimmt. Es können nur dann mehr Wasserstoffatome wirksam werden, wenn auch entsprechend mehr Chloratome zur Verfügung stehen. Zwischen den Ursachen besteht hier die **Relation proportionaler Reihen.** In dem Typus, wie ihn das Joulesche Gesetz darstellt, kann der eine Faktor ver-

---

1) Vgl. R i e h l, S. 173: „Die einmal gegebene Größe, die als Ursache verbraucht wird, wird nicht in der Wirkung wieder erzeugt, oder von neuem erschaffen, sie dauert als Wirkung fort, erscheint in dieser mit ihrem ganzen Betrage, obzwar in geänderter Form wieder." Vgl. auch D r i e s c h s Lehre vom Ursächlichkeitsbetrag in seiner Ordnungslehre.

schiedene Werte annehmen, ohne daß sich der andere ändert und umgekehrt. Bei gleichbleibendem *J* kann sich *R* verändern, bei gleichem *R*
kann *J* verschiedene Werte annehmen. Hier ist der Ursachkomplex also
eine Relation unabhängiger Reihen im Sinne der Variabilität der
Größen in einer Reihe unabhängig von den Größen in der anderen Reihe.

Bedingung für diese Relation der Faktoren untereinander ist, daß auch
die Kausalfaktoren eine gemeinsame Basis besitzen, auf deren Grund sie
sich treffen können. Aber die Basis, welche die Kausalfaktoren untereinander verbindet, ist identisch mit der Basis, welche die Kausalfaktoren mit
der Wirkung verbindet. Denn auf dem Fundament der innerkausalen
Relation ruht die Wirkungsrelation. In dem, worin sich die Faktoren
treffen, setzen sie sich in die Wirkung um.

Nun ist der Kausalitätsbetrag quantitativ dem Wirkungsbetrag gleich, die von den Ursachen abgegebene Energiegröße gleich der
in die Wirkung aufgenommenen Energiegröße. Dies beruht auf zwei Voraussetzungen. Erstens wird vorausgesetzt, daß die Energie übergeht. Es
ist die in die Wirkung aufgenommene Energie dieselbe wie die von den
Ursachen abgegebene. Die quantitative Gleichheit von Kausalitätsbetrag
und Wirkungsbetrag beruht also auf Identität (weshalb auch der Ausdruck
„Kausalitätsbetrag" sowohl das abgegebene Quantum zum Unterschied
vom aufgenommenen Quantum als auch das abgegebene; ebenso wie das
aufgenommene Quantum bezeichnen kann). Die Voraussetzung des Ener-
gieübergangs allein würde freilich noch nicht jene Gleichheit, ja Identität
garantieren. Bei dem Überfließen könnte ja ein Teil der Energie verloren-
gehen oder sich die Energie vermehren. Voraussetzung der Gleichheit ist
also das Prinzip von der Erhaltung der Energie, nach welchem sich das
Energiequantum beim kausalen Übergang weder vermehrt noch ver-
mindert.[1]) So gilt „das Fortbestehen der Größe der Ursache als Größe der
Wirkung" (Riehl S. 165).

Das was als Kausalitätsbetrag in die Wirkung übergeht, ist Energie. Es
sind also die Kausalfunktionen Energiefunktionen. Eine Energiegröße wird in Abhängigkeit von einer anderen gesetzt. „Jedes Kausalverhältnis ist eine Energiegleichung" (Hönigswald, Beitr. S. 124). Man
darf aber, wie wir noch sehen werden, nicht umgekehrt sagen, eine Energiegleichung sei schon ein Kausalverhältnis, eine Energiefunktion schon eine
Kausalfunktion. Es gibt auch Energierelationen nicht kausaler Art.

Es findet also bei einem kausalen Energieprozeß im Gesamtsystem keine
quantitative Veränderung statt. Die Veränderung ist vielmehr

---

1) Wenn wir die quantitätsbeharrliche Energie „Substanz" nennen, so können
wir, wie das Hönigswald getan hat (Beiträge S. 129), die dargestellte Auffassung als „substantiale Auffassung der Kausalität" bezeichnen.

entweder räumlich oder qualitativ (oder beides zugleich). Im ersteren Fall wird Energie von einem Raum, von einem Ding auf ein anderes übertragen, ohne sich quantitativ oder qualitativ zu verändern. Dies geschieht etwa, wenn beim Stoß Bewegungsenergie von einem Körper auf einen anderen übergeht. Im zweiten Fall wandelt sich eine Energieform in die andere um. Das geschieht etwa in unserem Beispiel des Jouleschen Gesetzes, wo aus Elektrizität Wärme entsteht, ohne daß dabei Ortsänderung stattfindet. Im ersten Fall sprechen wir von Kausalgesetzen der Umlagerung, im zweiten Fall von Kausalgesetzen der Umwandlung.

Für die Kausalgesetze der Umwandlung läßt sich in der Gesamtursache noch eine Unterscheidung machen, die uns später von Bedeutung sein wird. Es läßt sich zwischen Energiefaktoren und Umsetzungsfaktoren unterscheiden. Die ersteren liefern die Energie für die Umsetzung, die zweiten bestimmen die Umsetzung selbst. So ist beim Jouleschen Gesetz die Elektrizität Energiefaktor, der Widerstand aber Umsetzungsfaktor. Es ist aber bei anderen Vorgängen auch möglich, daß jeder der Faktoren für den anderen Umsetzungsfaktor ist.

Nun ist der Satz selbstverständlich: je größer der Kausalitätsbetrag der Ursachen, desto größer die Wirkung. Wichtiger für die bald vorzunehmende Unterscheidung der Kausalgesetze von anderen Arten von Naturgesetzen ist aber folgender Satz, der nach den vorausgehenden auch selbstverständlich ist: der Kausalkomplex verliert in dem Maße Kausalitätsbetrag, als solcher in die Wirkung übergeht. Die Elektritizät, welche in Wärme umgesetzt wird, geht dem Strom verloren. Wenn der Schwefelsäure Bariumchlorid zugefügt wird, verliert sie soviel mal den Säurerest, als Moleküle von Bariumsulfat ausgefällt werden.

Das Zusammentreffen der Ursachen kann eine unendlich kleine Zeit beanspruchen. Es kann aber auch von dem Moment des Zusammentreffens ab noch weiter Kausalitätsbetrag zufließen, wie es ja bei dem elektrischen Strom geschieht Dann findet auch dauernd Umsetzung von Kausalitätsbetrag statt, dauerndes Wirken. Hört das Zusammentreffen der Ursachen auf, fehlt nur eine der notwendigen Ursachen, dann muß auch der Prozeß des Übergehens von Kausalitätsbetrag, der Prozeß des Wirkens aufhören. In diesem Sinne gilt etwas variiert ein alter Satz: cessante causa cessat efficere, mit Aufhören der Ursache hört das Wirken auf. Dies ist der Vorgang des Wirkens.

Anders steht es mit dem Ergebnis des Wirkens, der Wirkung.[1]) Hier

---

1) Die Bezeichnungen „Wirken" und „Wirkung" erscheinen uns einheitlicher und deshalb klarer als die Sigwarts (II, S. 142), welcher unser „Wirken" Wirkung und unsere „Wirkung" Effekt nennt.

sind zwei Fälle möglich. Entweder — bei den reversiblen Vorgängen — verläuft dann der Prozeß in umgekehrter Richtung. Der Kausalitätsbetrag, welcher in die Größenarten der Wirkung übergegangen war, verwandelt sich wieder in die Größenarten der Ursachen. In Analogie zu der lateinischen Formulierung oben kann man hier sagen: cessante causa removet effectus, mit Aufhören der Ursache bewegt sich die Wirkung zurück. Oder aber — bei den irrevesiblen Vorgängen — bleibt die Wirkung, was sie geworden ist: cessante causa manet effectus, beim Aufhören der Ursache bleibt die Wirkung.

Bisher sprachen wir von der Wirkung. Früher erkannten wir, wie ihr Komplementärbegriff „die Ursache" ein Komplex aus einer Mehrheit von Ursachen ist. Ist nun auch die Wirkung ein solcher Komplex? Sie muß es nicht sein. Im Gegensatz zur Ursache kann die Wirkung auch eine einzige sein. Für die verschiedenen Möglichkeiten, welche hier bestehen, liefert die Chemie deutliche Beispiele. Alle Verbindungsvorgänge sind im Gegensatz zu den Ersetzungen und Zersetzungen Prozesse mit einer einzigen Wirkung, genauer: alle Verbindungsvorgänge, bei denen nicht Energie frei wird. Aus zwei Elementen oder weniger komplizierten Stoffen wird ein zusammengesetzter oder ein höher komplizierter. Es kann aber auch eine Mehrheit von Wirkungen hervorgerufen werden. So etwa bei der Zersetzung eines Stoffes in zwei oder mehr Stoffe, so bei einer Ersetzung, wo eine Verbindung einer anderen einen Bestandteil abgibt und dafür von letzterer einen erhält, so daß zwei neue Stoffe entstehen. Wir haben bei diesem Gedankengang freilich implizite eine Unterscheidung gemacht. Man kann unter „Wirkung" entweder nur den an seinem evtl. neuen Ort befindlichen Wirkungsbetrag verstehen oder diesen Wirkungsbetrag und zugleich den Verlust an Kausalitätsbetrag in den Ursachen. Zur klaren Unterscheidung von Ursache und Wirkung ziehen wir die erstere engere Verwendung des Wortes vor. Nur in diesem Sinn kann die Wirkung eine einzige sein. Im anderen Fall müßte immer eine Mehrheit von „Wirkungen" sein. Wenn man Chlor und Wasserstoff zusammenbringt, so hätte das nach der zweiten Bedeutung (von thermischen Vorgängen abgesehen) drei „Wirkungen": erstens würde Cl verschwinden, zweitens würde H verschwinden, drittens würde HCl entstehen. Nach unserer Terminologie ist das Verschwinden von H und Cl Übergang von Kausalitätsbetrag und logisch deutlich geschieden von der einzigen Wirkung, dem HCl.

Aber was ist denn Wirkung? Das ist noch zu unbestimmt gefragt; wir müssen die Frage deutlicher fassen. Wir sprachen davon, daß die Ursachen den Kausalitätsbetrag abgeben. Aber wohin geben sie ihn ab? Entweder erhält der eine der Faktoren den Kausalitätsbetrag. Wird

Kupferoxyd erhitzt und dabei mit Wasserstoff in Berührung gebracht, so vollzieht sich ein Vorgang nach der Gleichung $CuO + 2H = H_2O + Cu$. Die Stellung des Kausalitätsbetrages hat hier (außer der thermischen Energie) der Sauerstoff inne. Die beiden chemisch-stofflichen Faktoren, welche für den Vorgang notwendig sind, werden durch CuO und $2H$ bezeichnet. Der eine der Faktoren nimmt den Kausalitätsbetrag von dem anderen. Das Wirken ist hier also nichts anderes als eine Umlagerung innerhalb des Ursachenkomplexes. Das erscheint nur solange überraschend, als man sich noch nicht von der anthropomorphen Kausalvorstellung freigemacht hat; solange vergleicht man noch mit dem Menschen als der aktiven Ursache und dem von ihm bearbeiteten Ding als der Wirkung. Beachtet man aber konsequent die strenge Form des Naturgesetzes, wie sie in der Gleichung vorliegt, so verliert der Befund das beinahe Paradoxe.

Man kann in diesem Fall die Faktoren nach ihrem Anteil an der Wirkung einteilen in gebende und empfangende Faktoren, d. h. in solche, welche Kausalitätsbetrag verlieren, und solche, welche ihn erhalten.

Dieser Unterschied ist nicht immer zu machen. Wenn sich Wasserstoff und Sauerstoff zu Wasser vereinigen, ist keiner der beiden Faktoren als gebend oder empfangend zu bezeichnen. Dennoch besteht auch hier das Wesen der Wirkung in einer Umlagerung innerhalb des Kausalkomplexes. Nur geht nicht lediglich ein Teil von der einen Ursache auf die andere über. Vielmehr lagern sich die beiden Faktoren gänzlich zusammen.

Die dritte Möglichkeit kann uns das Joulesche Gesetz lehren. Auch hier gibt der elektrische Strom Kausalitätsbetrag ab, ist J gebender Faktor. Erwärmt wird aber eigentlich nicht der Widerstand, sondern der Draht, welcher den Widerstand leistet, d. h. der Komplex, welchem R angehört. Hier geschieht also nicht einfach Übertragung von einem Faktor auf den anderen. Wirken ist hier Übergang von Kausalitätsbetrag auf das Ding, welchem der eine der Faktoren angehört. Man kann deshalb hier zwar von einem gebenden Faktor sprechen, aber nicht in gleichem Sinne von einem empfangenden Faktor.

Dadurch, daß Kausalitätsbetrag von dem gebenden Faktor übergeht auf den empfangenden oder auf den Komplex, welchem der andere angehört, entsteht in dem Empfänger eine neue Eigenschaft oder ein Gefüge neuer Eigenschaften. Aus Elektrizität entsteht Wärme. An Stelle der Eigenschaften des Wasserstoffs treten die neuen Eigenschaften des Wassers. Wie ist das möglich, wie können neue Eigenschaften entstehen? Wie kann aus a b werden? Man wird mit dem Problem nicht fertig, solange man nicht das Prinzip der kontinuierlichen Produktivität des Logischen erkannt hat, so lange man nicht gesehen hat, wie im ganzen Bereich des Logischen Schritt für Schritt aus dem Kontinuum Neues sich prägt. Dann ist die verursachte neue Eigenschaft nur ein Spezialfall. Auch sie steht in der Kontinuität. Die Wärme ist als Energie zusammenhängend mit der Elektrizität, der sie entstammt. Als energetischer Zustand des Drahtes ist sie diesem verbunden. In dieser kontinuierlichen Verbundenheit ist sie ein Besonderes, Neues. Entsprechendes gilt von dem Wasser, das sich bei der Leitung von Wasserstoff über erhitztes Kupferoxyd bildet.

Wir haben die kausale Funktion so ausführlich entwickelt, um nun eine der Grundfragen dieses Kapitels stellen zu können. Sind die Kausalgesetze die einzige Art von Naturgesetzen?

Trifft das, was wir von den Kausalgesetzen gesagt haben, auch zu für die Raumfunktionen?

Jene bestimmen eine Zeitfolge. Ist das auch bei Raumfunktionen der Fall? Man darf diese Frage nicht mißverstehen. Nicht dem gilt hier unser Augenmerk, daß ein Glied der Funktion ein Zeitverlauf sein kann wie in der Bewegungsgleichung, die uns öfters als Beispiel diente. Vielmehr ist hier das Zeitverhältnis zwischen dem einen und dem anderen Glied der Funktion, zwischen der einen und der anderen Seite der natürlichen Gleichung das Problem. Da ist es aber nicht so, daß nach ct erst s eintritt. Vielmehr ist zugleich mit ct auch s da. Die Werte von ct und die Werte von s bilden jede eine Reihe, wobei je ein Glied der einen Reihe streng gleichzeitig ist mit je einem Glied der anderen Reihe. Entsprechendes logisches Verhalten zeigt auch das Gay-Lussacsche Gesetz. Auch hier ist v_t der Wert, der jedem $v_0\left(1 + \frac{1}{273}\,t\right)$ zukommt, nicht der Wert, der danach kommt.

Es sind somit die Raumfunktionen Funktionen der Gleichzeitigkeit. Hier ist noch ein Irrtum abzuwehren. Man kann bei den Kausalverhältnissen zwei Zeitfolgen unterscheiden. Erst war eine Zeit, wo die Ursachen noch nicht alle zusammen waren. Danach geschah es, daß alle Faktoren zusammentrafen. Das ist die erste Zeitfolge. Nachdem die Faktoren zusammengetreten waren, entfaltete sich die Wirkung. Das ist die zweite Zeitfolge. Was den Vorgang zu einem kausalen machte, war die zweite Zeitfolge, nicht die erste. Zeitfolge der ersten Art ist auch bei Raumfunktionen der Gleichzeitigkeit zu erkennen. Während etwa v_0 anfänglich da war, ist erst nachher die bestimmte Temperaturhöhe t erreicht. Wir erkennen jetzt, daß durch diese Zeitfolge im Zusammentreten der Bedingungen der Prozeß nicht zu einem kausalen wird, wozu eine Zeitfolge zwischen den Bedingungen in ihrer Gesamtheit und der Wirkung erforderlich wäre.

Der Unterschied zwischen kausalen Umsetzungsfunktionen und gleichzeitigen Raumfunktionen wird noch deutlicher, wenn wir ihn an weiteren

Eigentümlichkeiten der ersteren prüfen. Wie wir eine Mehrzahl von Ursachen unterschieden, so können wir auch eine **Mehrzahl von Bedingungen** unterscheiden. Untersucht man die Arten von Bedingungen hier, die Arten von Ursache dort, so klafft aber die Differenz auf. Beim Jouleschen Gesetz trifft ein Energiefaktor mit einem Umsetzungsfaktor zusammen. Hier trifft ein **Raumfaktor mit einem Vergrößerungsfaktor** zusammen. Die in der Zeiteinheit zurückgelegte Strecke c, das Volumen bei 0 Grad sind die Raumfaktoren. Die Zeit t und die Temperatur t sind Vergrößerungsfaktoren. In der Kausalfunktion konnte die Gesamtenergie durch keine der Mitursachen in ihrer Quantität verändert werden. Es konnte nur eine Energieart in eine andere umgesetzt werden, es konnte Energie räumlich neu verteilt werden, es konnten Energiemengen vereinigt oder getrennt werden. Bei allen diesen Vorgängen blieb die Größe der Gesamtenergie die gleiche. Ganz anders liegen nun die Verhältnisse bei den Raumfunktionen. Die Raumfaktoren hier entsprechen den Energiefaktoren dort. Während aber dort die quantitativ unveränderte Energie nur umgesetzt wurde, wird hier **Raum quantitativ vergrößert oder verkleinert**, wird die Strecke in der Zeiteinheit zur Gesamtstrecke erweitert, wird das Volumen von 0 Grad zum Volumen von t Grad ausgedehnt. Ein Erhaltungssatz liegt auch dieser Art von Gleichungen zugrunde, ein Erhaltungssatz, der dem nicht Reflektierenden selbstverständlich erscheinen mag, der aber deshalb nicht seine grundlegende Funktion verliert und deshalb darin erkannt werden muß. Auch hier ist es Erhaltung in der Veränderung, nämlich **Erhaltung des Raumes, wenn er Teil eines größeren Raumes wird**. Es ist selbstverständliche und notwendige Voraussetzung der Gleichung, daß der Wert von c für alle Zeitgrößen derselbe bleibt, daß der Wert für v_0 identisch bleibt bei allen Veränderungen, welche der Wert für t durchlaufen mag.

Die Ursachen sind zusammen unbeständig. Gerade deshalb gehen sie in die Wirkung über, vergehen sie in die Wirkung. Anders ist es bei den Raumfunktionen. Zwar kann auch ceteris paribus v_0 nicht mit höherem t zusammenbestehen, zwar wird bei einem t, das größer ist als 1, auch eine Strecke zurückgelegt, welche größer ist als c. Aber ct verändert sich nicht, um s zu werden; ct ist der Streckengröße nach selbst s. $v\left(1 + \frac{1}{273}\, t\right)$ verändert sich nicht, um v_t zu werden, sondern ist selbst der Raumgröße nach v_t. Nicht nur die Raumgrößen sind beiderseits gleich, sondern auch die Arten von Raumgebilden. Einmal sind es beiderseits Strecken, das andere Mal dreidimensionale Räume. Die Wirkung bedeutet einen Verlust an Ursächlichkeitsbetrag für die kausalen Faktoren. **Das Bedingen in der gleichzeitigen Raumfunktion** bedeutet keinen Verlust an Bedingungsbetrag; es ist auch keine qualitative Veränderung. Man darf sich dadurch nicht irre machen lassen an diesem Befund, daß räumliche Vorgänge auch ursächlich bedingt sind und in dieser Richtung den Kausalgesetzen unterstehen. Damit das Volumen sich ausdehnen kann, ist Wärme nötig, die dem Gas zugeführt wird und dabei der Wärmequelle verlorengeht. Damit ein Körper die Bewegungsgröße ct erreichen kann, muß ihm in der Natur Energie zugeführt werden. Nur werden diese Verhältnisse von den Raumfunktionen nicht berührt. Letztere bestimmen nicht das Verhältnis von ct oder $v_0 \left(1 + \dfrac{1}{273}\, t\right)$ zu ihren Ursachen, sondern zu dem von ihnen bedingten s bzw. v_t. Und hierfür gilt die Verlustlosigkeit an Kausalitätsbetrag oder Bedingungsbetrag und die qualitative Gleichheit.

Aus dem Gesagten geht hervor, daß die Funktionen energetischer Zeitfolge und die räumlicher Gleichzeitigkeit keineswegs bloß unterschieden sind. Sie sind in dieser Unterschiedenheit auch mit einander verbunden. Alle Gesetze für räumliche Vergrößerung oder Verkleinerung, wie sie die kontemporären Raumfunktionen darstellen, beziehen sich auf Bewegung. Bewegung ist die Ausdehnung des Gases genau so gut wie das Rollen einer Kugel auf einer Bahn. Wir können uns denken, daß sich ein Körper isoliert gegen jeden anderen Naturfaktor bewege und daß er das „von Anfang an" so tue, d. h. ohne von einem anderen Naturfaktor in Bewegung gesetzt zu sein. Ein solcher Körper würde in seiner Bewegung einer gleichzeitigen Raumfunktion unterstehen (die wir freilich nicht durch Messung erkennen könnten), ohne daß er in seiner „Geschichte" von kausalen Gesetzen betroffen würde. Aber ein solcher Körper würde ganz außerhalb der Natur als eines Wirkungszusammenhanges liegen und käme naturwissenschaftlich nicht in Betracht. Ein Körper, welcher der Naturgeschichte angehört und deshalb[1]) auch Gegenstand der Naturwissenschaft sein kann, hat seine Bewegung nicht mehr „von Anfang an". Er ist schon durch Myriaden von Beeinflussungen gegangen. Deshalb müssen wir bei ihm fragen, woher er seinen dermaligen Bewegungszustand habe. Erhalten haben kann er seinen Bewegungszustand nur durch Energiezufuhr oder Energieverlust, also durch einen Kausalprozeß. Über dem Beginn jeder in Betracht kommenden Bewegung steht also das Kausalgesetz. Über dem Verlauf jeder

---

1) Denn die Naturgeschichte im Sinne des zeitlichen Gesamtverlaufs der Natur ist eine Möglichkeitsbedingung für die Naturwissenschaft als ein historisches Tun. Weil jedes naturwirkliche Gebild eingereiht ist in die Geschichte der Natur, weil die Naturwissenschaften im geschichtlichen Werden stehen und weil die Zeit der Naturgeschichte dieselbe ist wie die Zeit der Geschichte der Naturwissenschaften, deshalb kann ein naturwirkliches Gebild zugleich der Natur angehören und Objekt der Naturforschung sein.

Bewegung steht die gleichzeitige Raumfunktion. So sind beide Gesetzesarten in der Konstitution desselben Gegenstandes verknüpft. Wenn wir
später von einer Eigenschafts-Art erkennen, sie beruhe auf einem Kausalgesetz, so ist damit auch schon gesagt: wenn sie auch den Verlauf eines
räumlichen Werdens darstellt, so untersteht sie zugleich einer kontemporären Raumfunktion.

In ähnlicher Weise wie für die kausalen Energiefunktionen läßt sich auch
für die gleichzeitigen Raumfunktionen die Notwendigkeit aufweisen.
Sie stiften bei den Raumveränderungen Zusammenhang zwischen den verschiedenen Stadien dieser Veränderung. Jede Größe von v_t wird bezogen
auf ein bestimmtes t. v_t und t stellen also Reihen dar mit entsprechenden
Gliedern. Ohne diese Art von Gesetzen klafft in der Natur eine Lücke
zwischen einer Raumgröße und einer anderen daraus hervorgegangenen.
Die Raumfunktionen sind also Voraussetzung durchgängig verknüpfender
Naturforschung. Und diese muß auch hier voraussetzen, dabei objektiv
zu verfahren, im Denknotwendigen ein Sachnotwendiges zu erfassen.

Wir hatten bei der Wirkung zwischen Beginn und Verlauf unterschieden.
Diese Unterscheidung ist hier, wo es sich um Gleichzeitigkeit von Bedingung und Bedingtem handelt, nicht möglich. Mit dem Zusammentreten
der Bedingungen braucht nicht erst ein Wirkungsprozeß eingeleitet zu
werden.

Indem so gezeigt wurde, daß die Raumfunktionen keine Kausalgesetze
sind, ist der Beweis erbracht, daß nicht alle Naturgesetze Kausalgesetze sind. Hier lassen sich zwei weitere Fragen anknüpfen. Erstens
läßt sich fragen, ob denn alle Energiefunktionen Kausalgesetze sind oder
ob es auch Energiefunktionen nicht kausaler Art gibt. Dann läßt sich
zweitens fragen, ob es außer den Raumfunktionen noch andere Gesetze
gibt, die nicht Energiefunktionen und nicht kausaler Art sind.

Gehen wir zunächst der ersten Frage nach und suchen wir nach Energiefunktionen, welche keine Kausalgesetze sind. Das eine Beispiel, an dem
wir die Raumfunktion kennenlernten, kann uns den Typus abgeben für
eine entsprechende Energiefunktion. Weg in der Zeiteinheit mal Zeit =
Weg in der Gesamtzeit. Wir können nun für die Weggrößen Energiegrößen
einsetzen. Energieverbrauch in der Zeiteinheit (e) mal Zeit (t), ergibt bei
gleichmäßigem Energieverbrauch den in der Gesamtzeit (E). $et = E$. Die
Energie kann dabei aus der Umgebung aufgenommen oder an sie abgegeben
sein, das bleibt für den Sinn der Formel gleich. Wir haben hier zweifellos
eine Energiefunktion, wie sie früher entwickelt worden ist: zwei basale
Energiefaktoren werden durch einen anderen Faktor zueinander in Beziehung gesetzt. Dennoch ist diese Energiefunktion in sich keine kausale
Beziehung. In sich ist sie das nicht, obwohl sie Vorgänge bestimmt, die

zugleich auch kausal bedingt sind. Natürlich steht das Aufnehmen oder Abgeben von Energie unter dem Kausalgesetz. Nur unsere Funktion bestimmt nicht eine solche Beziehung zwischen Abgebendem und Aufnehmendem, die sie vielmehr schon voraussetzt. Nur besteht zwischen e und E keine kausale Abhängigkeit. Hier verhält sich also unsere neue Energiefunktion ähnlich wie die dargestellte Raumfunktion.

Ein anderes Gesetz mag diese Gesetzesart noch verdeutlichen. Man bezeichnet die Wärmemenge, welche nötig ist, um einen Körper von irgendeiner Masse (m) um einen Grad zu erwärmen, als seine Wärmekapazität (Wk). Die Wärmemenge, welche nötig ist, um die Massen-Einheit um einen Grad zu erwärmen, heißt spezifische Wärme (c). Vorausgesetzt sei, daß der Körper aus einem einheitlichen Stoffe bestehe. Dann ergeben $mc = Wk$. Auch hier sind zwei Energiegrößen in gleichzeitige Relation gesetzt.

Entwickeln wir die gleichzeitige Energiefunktion weiter an unserem ersten Beispiel. E ist nicht erreicht, nachdem et verlaufen ist, sondern indem et erreicht ist, ist auch E erreicht. Zwischen beiden Seiten der Gleichung besteht also strenge Gleichzeitigkeit. Jede Seite stellt eine Reihe von Werten dar, deren jeder streng gleichzeitig ist mit dem gleichgroßen Wert der anderen Seite. Ebenso verhielt sich die Raumrelation. Entgegengesetztes gilt aber von der Kausalrelation. In $et = E$ und in $mc = Wk$ haben wir also jedesmal eine Energie-Funktion der Gleichzeitigkeit.

Bei dem kausalen Energiegesetz wird entweder quantitativ gleichbleibende Energie von einer Energieart in eine andere umgesetzt, bei gleichbleibender Quantität verändert sich also die Qualität. Man kann diese Kausalgesetze der Umwandlung deshalb auch als qualitative Energiefunktionen bezeichnen, wenn man sich bewußt bleibt, daß das Adjektiv dabei angibt, was verändert wird. Oder es wird bei einem kausalen Vorgang Energie von einem Ort auf einen anderen übertragen. Derartige Kausalgesetze der Umlagerung sind entsprechend als lokale Energiefunktionen zu bezeichnen. Das Bedingungsgefüge in der jetzt zu untersuchenden Energiefunktion setzt sich aus einem Energiefaktor und einem Vergrößerungsfaktor zusammen. Beim Kausalgesetz besteht also zwischen Energie links und Energie rechts Maßgleichheit bei Qualitätsverschiedenheit oder Ortsverschiedenheit. Bei unserem neuen Typus besteht Maßverschiedenheit. Wir können deshalb hier in Analogie zu den anderen Bezeichnungen von quantitativen Energiefunktionen sprechen.

Dies Anwachsen von Energie widerspricht natürlich nicht dem Prinzip von der Erhaltung der Energie. Zwar vermehrt sich in dem durch die Gleichung bezeichneten System der Energiebetrag. Aber das ist — gerade auf Grund des Erhaltungsprinzips — nur möglich, wenn dem System dauernd Energie zuströmt, die also an anderer Stelle verlorengeht.

Bei der Kausalität entstand die Wirkung auf Grund der Unbeständigkeit des vereinigten Ursachkomplexes. Bei der Raumfunktion entstand nicht so das Bedingte; es war nicht Etwas, was nach dem Bedingungskomplex kam, vielmehr war es mit ihm da. Entsprechendes ist auch von der quantitativen Energiefunktion zu sagen. Auch hier kommt das Bedingte (E) nicht nach dem Bedingungskomplex (et), sondern mit ihm; es kommt also auch nicht durch die Unbeständigkeit der vereinigten Bedingungen. Es wäre unsinnig, zu meinen, et seien zusammen unbeständig, deshalb entstünde E.

Desgleichen findet hier auch keinerlei Verlust an Bedingungsbetrag statt wie beim kausalen Übergang eines Energiequantums. Denn das Bedingte ist hier ja nichts anderes als das angewachsene Bedingende. Auch hierin stehen quantitative Energiefunktionen und Raumfunktionen auf einer Linie.

Damit ist der Beweis erbracht, daß **nicht alle Energiefunktionen auch Kausalgesetze** sind. Vielmehr gibt es zwei Arten von Energiefunktionen: Qualitative oder lokale der Zeitfolge und quantitative der Gleichzeitigkeit. Nur die ersteren sind identisch mit Kausalgesetzen.

Wir haben nun noch zu fragen, ob es außer den Raumfunktionen noch andere Gesetzesarten gibt, welche nicht Kausalgesetze sind. Wir hatten früher von den Raumfunktionen und den Energiefunktionen noch die **Zeitfunktionen** unterschieden. Das Beispiel, das wir brachten, ist eine **quantitative Funktion der Gleichzeitigkeit**, wird also durch dieselbe logische Struktur geformt wie die Raumrelation und die quantitative der Energie. Auch hier ist die Gesamtzeit erreicht, zugleich mit dem Moment, wo die Zeit für eine Periode sich n mal wiederholt hat. Hier ist vielleicht die Gleichzeitigkeit in diesem ganzen Typus am deutlichsten.

Denn es wäre offenkundiger Unsinn zu meinen, die Gesamtzeit sei erst danach erfüllt, und sei es auch nur die geringste Differenz. Auch hier vollzieht sich keine qualitative Veränderung. Es besteht kein Umsetzungsfaktor in ein qualitativ Anderes. Auch hier wird das Maß des basalen Bedingungsfaktors zum Maß des basalen Bedingten verändert, steigt die Zeit von der für einen Umlauf zu der für n Umläufe. Es bildet sich also bei Qualitätsgleichheit Maßverschiedenheit. Da auch hier die Bedingungen zur Wirkung anwachsen, gründet sich letztere nicht auf die Unbeständigkeit des Bedingungsgesamts. Deshalb findet auch kein Verlust an Bedingungsbetrag statt.

Wir haben einen Gesetzestypus bei allen drei Funktionsarten gefunden.

Bei der Energiefunktion kam ein neuer Typus hinzu. Es ist leicht deutlich zu machen, weshalb die beiden anderen Funktionsarten diesen Typus nicht besitzen können. Denn er gründet sich auf die qualitative Differenz. Es wurden ja verschiedenartige Energien wie Elektrizität und Wärme qualitativ und zeitlich aufeinander bezogen. Solche qualitative Differenzen gibt es aber nicht für die Zeit, wie es sie für die Energie gibt; es gibt sie auch nicht für den Raum. Also können Raumfunktionen und Zeitfunktionen nur quantitativ und gleichzeitig sein, während Energiefunktionen entweder wie jene oder qualitativ und nachzeitig sein können.

Haben wir nun alle Gesetzesarten durchmessen? Oder läßt sich eine neue Grundlage finden, von der aus wir zu weiteren Gesetzesarten gelangen können?

Wir gelangen zu einer neuen Art von Gesetzen, wenn wir die Voraussetzungen der Kausalgesetze und der drei gleichzeitigen Gesetzestypen aufdecken. Es wäre sinnlos, Kausalgesetze von folgender Form „bilden" zu wollen: wenn „hell" eingetreten ist, dann tritt „grün" ein; wenn „grau" eingetreten ist, dann tritt „kühl" ein. Zu Kausalgesetzen (wenn auch zu unexakt formulierten, was uns hier jedoch genügen kann) werden diese Sätze erst, wenn sie etwa so formuliert werden: wenn Sonnenlicht auf die Blätter der Pflanzen trifft, werden sie grün; wenn sich der Himmel bewölkt, wird es kühl. Die Gegenüberstellung dieser Sätze lehrt zunächst ein Negatives: isolierte Empfindungsinhalte als solche können nicht in kausaler Beziehung stehen. Es ist nicht auszudenken, wie das, was wir meinen, wenn wir „hell" sagen, das aus sich gebären könnte, was wir meinen, wenn wir „grün" sagen. Damit sind wir auf das positive Ergebnis unserer Gegenüberstellung gestoßen: Empfindungen müssen Glieder von ganzen Gefügen sein, um in kausalen Funktionen stehen zu können. Das heißt aber: mit der Einzelempfindung müssen zugleich noch andere Bestimmungen verbunden sein. Es muß also hier ein Zusammenhang des Gleichzeitigen gestiftet sein. Es genügt dabei auch nicht etwa die Beziehung einer Einzelempfindung auf die Zahl; auch dadurch wäre die Empfindung noch nicht in den Konnex des Werdens eingeflochten.

Genau so ausgeschlossen wie Kausalgesetze wären für isolierte Empfindungen auch quantitative Gesetze der geschilderten Arten. Es müßte dazu ja schon die Empfindung mit der Zahl und mit Räumlichem verbunden werden. Es müßte etwa an eine „grüne" Fläche von einem qcm oder an eine „Helligkeit vom Grad 1" gedacht werden. Aber wo enthielte diese Fläche einenGrund in sich, etwa zu einer größeren Fläche zu werden?! Oder worin sollte in der Helligkeit ein Grund liegen, daß sie sich steigerte?! Auch hierbei geraten wir ins Unsinnige. Für alle seither entwickelten Gesetze sind Komplexe des Gleichzeitigen vorausgesetzt.

Man könnte meinen, diese Komplexe seien gegeben in dem Kategoriengewebe, das wir für die naturgesetzliche Gleichung entwickelten. Daß dies Kategoriengewebe aber noch nicht genügt, daß noch mehr für diese Komplexe des Gleichzeitigen erfordert wird, das erhellt, wenn wir noch auf einem anderen Wege zu ihnen vordringen. Was wir eben von „unten" her, von den Empfindungen her entwickelten, das läßt sich nämlich auch von „oben" aus, von den Gesetzen aus darlegen. Ein Gebilde A trifft auf ein Gebilde B und gibt dabei den Kausalitätsbetrag a ab oder empfängt von B den Betrag b oder A und B vereinigen sich. Dabei muß A eine Bestimmung haben, die es von B unterscheidet, wie sich die Elektrizität von dem Drahtwiderstand unterscheidet. In diesem Sinne sprechen wir ja vom basalen Faktor und vom anderen Faktor. Aber A muß auch so beschaffen sein, daß es mit B zusammentreffen und von ihm beeinflußt werden kann, wie die Elektrizität durch den Draht strömen und von ihm Widerstand empfangen muß. Weiter muß A teilbar sein, wenn es a abgeben soll, oder angliederungsfähig, wenn es b aufnehmen oder sich mit B vereinigen soll. Wenn es a als qualitativ andersartige Energie abgibt, muß es also auch von dem abgegebenen a verschieden sein. Auch vom Kausalgesetz her ergibt sich, daß es Gebilde voraussetzt, die Komplexe gleichzeitiger Bestimmungen sind. So sind Glieder kausaler Funktionen denn auch Gegenstände, die ganze Gefüge von Gleichzeitigem darstellen, wie die Stromstärke der Elektrizität, der räumlich und chemisch bestimmte Drahtwiderstand, das Quecksilberoxyd mit seinen Eigenschaften.

Auch hierin verhalten sich die quantitativen Funktionen der Gleichzeitigkeit im Prinzip genau so. Die Geschwindigkeit c läuft ja nicht selbst, sondern Etwas bewegt sich mit dieser Geschwindigkeit. c ist also verbunden mit den „Eigenschaften" dieses Etwas. Noch deutlicher ist diese Verbundenheit gleichzeitiger Momente etwa bei dem Gay-Lussacschen Gesetz oder bei der Gleichung für die Wärmekapazität.

Diese Komplexe gleichzeitiger Bestimmungen sind auch die Voraussetzungen für die Induktion von Kausalgesetzen. Man macht etwa an einem Eisenstab einen Versuch über seine lineare Ausdehnung beim Erwärmen, um den linearen Ausdehnungskoeffizienten des Eisens festzustellen. Dabei setzt man voraus, daß das Stück, mit dem man arbeitet, wirklich Eisen ist, nur so kann man an diesem Stück Eigenschaften des Eisens erkennen wollen. Das Versuchsobjekt ist von vornherein subsumiert unter den Begriff des Eisens. Das Subsumptionsallgemeine, wie es Bauch genannt hat, ist Voraussetzung der Induktion.[1] Fragen wir aber, was denn dies Subsumptionsallgemeine sei! Da zeigt es

---

1) Stud. S. 21 ff., Wahrh. S. 344 f.

sich, daß es ein Gefüge gleichzeitiger Bestimmungen von der dargestellten Art ist. Das Stück, mit dem wir experimentieren, besteht aus einem Geflecht von Eigenschaften auf einmal. Im Subsumptionsallgemeinen sind solche Gefüge gleichzeitiger Bestimmungen Voraussetzung der Induktion. Und zwar gilt dies für Kausalgesetze, um deren eines es sich in unserem Beispiel handelt, genau so gut wie für die quantitativen Funktionen etwa die Gay-Lussacsche; auch bei letzteren findet eine Subsumption unter den Begriff des Gases mit dessen Eigenschaften statt.

Nicht nur durch das Subsumptionsallgemeine sind solche Gleichzeitigkeiten Voraussetzung der Induktion. Die Induktion geht aus von dem Subsumptionsallgemeinen, dem sie das spezielle Versuchsobjekt unterordnet. Am Beginn des Experiments wird vorausgesetzt, daß der Stab hier ein Einzelfall von Eisen ist. Nun hat man an diesem Stab hier seine lineare Ausdehnung beim Erwärmen gefunden. Man sagt aber nicht bloß, dieser Stab hier habe sich in diesem bestimmten Maße ausgedehnt. Man sagt vielmehr: das Eisen dehne sich in diesem bestimmten Maße aus. Man geht also auch in bezug auf das Ergebnis des Versuchs wieder vom Einzelfall zum Allgemeinen, das wir — wiederum im Anschluß an Bauch — das Induktionsallgemeine nennen. Das Induktionsallgemeine ist derselbe begriffliche Gegenstand wie das Subsumptionsallgemeine. Nur daß ihm im Induktionsallgemeinen zu den gleichzeitigen Charakteren, die man im Subsumptionsallgemeinen von ihm wußte, noch das Versuchsergebnis als neuer Charakter zuerkannt wird, der also das gleichzeitige Gefüge noch vermehrt. Also auch im Induktionsallgemeinen ist das Gefüge der Gleichzeitigen Voraussetzung der seither untersuchten Naturgesetze. Wiederum gilt das Gesagte von den qualitativen Energiefunktionen ebensogut wie von den quantitativen Funktionen des Raumes und der Zeit. Bei den Versuchen, auf die sich die Erkenntnis des Gay-Lussacschen Gesetzes gründet, wird der Versuchsstoff sowohl vor dem Versuch als auch nach ihm zur Formulierung des Ergebnisses dem Begriff des Gases zugeordnet; die Erkenntnis ist eine Bestimmung, die den Gasen gleichzeitig mit anderen Bestimmungen zukommt.

Somit ist von verschiedenen Seiten her deutlich geworden, daß Gefüge gleichzeitiger Bestimmtheiten Bedingung sind für die Induktion aller uns bisher bekannten Gesetzesarten und nicht nur für die Induktion solcher Gesetze, sondern auch für diese Gesetze selbst. In diesen Gesetzen selbst werden sie vorausgesetzt. Ohne diese gleichzeitigen Bestimmtheiten wäre auch keine Welt möglich, sie würde zerstieben in zusammenhanglose Urfragmente.

In den Gleichzeitigkeiten, welche Voraussetzung der seitherigen Gesetze sind, läßt sich noch eine Unterscheidung machen zwischen gesetzes-notwendigen und realisierungs-notwendigen Voraussetzungen. Die ersteren sind im Gesetze selbst enthalten, sie sind implizite im Gesetze als Voraussetzung seines Sinnes. Bei $ct = s$ ist etwa die gleichzeitige Beziehung von Raum und Zeit aufeinander in c Voraussetzung. Die realisierungs-notwendigen Voraussetzungen sind jene, welche es ermöglichen, daß ein Gesetz in der Natur realisiert wird. Es gibt ja niemals bloß c, bloß Geschwindigkeit in der Natur, sondern immer ein Etwas, das sich mit dieser Geschwindigkeit bewegt. Bei der Gay-Lussacschen Gleichung muß v außer daß es einen Raum einnimmt, auch so beschaffen sein, daß es sich ausdehnen und zusammenziehen kann (wir brauchen eben nicht zu entwickeln, worauf diese Veränderungsfähigkeit beruhen muß). Das ist gesetzes-notwendige Bedingung. Aber in der Natur gibt es kein bloßes Volumen; es handelt sich hier vielmehr um das Volumen eines Gases, und der gesamte übrige Eigenschaftskomplex eines Gases ist Realisierungs-Bedingung des Gesetzes.

Wir treffen hier auf die Unterscheidung von Ding und Fall, von der wir am Anfang des ersten Kapitels sprachen. Fall war der Inbegriff von besonderen Werten, welche die allgemeinen Werte annehmen können, wenn etwa für $ct = s$ steht: $5 \cdot 7 = 35$. Ding war der Gesamtkomplex von Bestimmungen, welche mit der Erfüllung eines Gesetzes-Gliedes in der Realität verbunden sind, also die Gesamtheit der „Eigenschaften" des Körpers, der sich mit der Geschwindigkeit c bewegt. Wir sehen jetzt, daß die realisierungsnotwendigen Gleichzeitigkeiten nichts anderes sind als die Dinge, von denen wir ja auch schon sagten, daß sich an ihnen die Gesetze in ihren Fällen realisieren. Nach den realisierungsnotwendigen Gleichzeitigkeiten fragen, heißt also nach den Dingen fragen. So sehen wir hier wieder den engen sachlichen Zusammenhang, den die beiden Grundfragen dieser Untersuchung bilden. Wenn wir nur der einen Frage nachgehen, kommen wir notwendig zur zweiten. Wenn wir nach Arten von Gesetzen suchen, stoßen wir auf die Frage, ob nicht im Ding eine Gesetzlichkeit des Gleichzeitigen von eigentümlicher Art eingefaßt ist. Erst wenn wir den Zusammenhang des Dinges klar vor uns sehen, können wir auch hoffen, auf die Frage nach Gesetzen wenigstens eine weitgehendere Antwort zu finden.

Um hier weiter zu kommen, müssen wir deshalb das Ding genauer kennenlernen. Das Ding war uns Strukturgefüge von Eigenschafts-Arten. So wollen wir uns nun die Frage nach Eigenschaftsarten stellen.

Doch sei zunächst noch einmal zusammengefaßt, was wir in diesem Kapitel an Arten von Naturgesetzen gefunden haben (womit natürlich noch keine Zusammenfassung dieses ganzen Kapitels gegeben ist):

Entsprechungsgesetze: Bestimmen keine reale Abhängigkeit, sondern nur geltende Beziehung auf Grund der Bestimmtheit durchs gleiche mathematische Gesetz.

Abhängigkeitsgesetze: Bestimmen die reale Abhängigkeit der Funktionsglieder voneinander. Die folgenden Gesetze sind Abhängigkeitsgesetze.

I. Nach der Basis betrachtet gibt es drei Grundarten von Abhängigkeitsgesetzen:
 1. Raumfunktionen: Eine Raumgröße Funktion einer anderen Raumgröße.
 2. Zeitfunktionen: Eine Zeitgröße Funktion einer anderen Zeitgröße.
 3. Energiefunktionen: Eine Energiegröße Funktion einer anderen Energiegröße. Darüber erheben sich dann noch:
 4. Komplexe Funktionen: Ihre Basis eine Verflechtung aus den Grundkategorien der ersten drei Arten.

II. Nach dem Zeitverhältnis von Bedingung und Bedingtem gibt es zwei Grundarten von Abhängigkeitsgesetzen:
 1. Folgefunktionen: Folge des Bedingten auf die Bedingung.[1])
 2. Zugleichfunktionen: Gleichzeitigkeit von Bedingung und Bedingtem.

III. Verbinden sich I und II:
 1. Folgefunktionen:
  A. Energiefunktionen der Folge = Kausalgesetze. Sich gliedernd in
   a) Kausalgesetze der Umlagerung = lokale Energiefunktionen: Ort der Energie in Zeitfolge geändert.
   b) Kausalgesetze der Umwandlung = qualitative Energiefunktionen: Energie in Zeitfolge qualitativ verändert.
 2. Zugleichfunktionen:
  A. Energiefunktionen der Gleichzeitigkeit = quantitative Energiefunktionen: Beziehung verschieden großer Energiequanten in Gleichzeitigkeit.
  B. Raumfunktionen der Gleichzeitigkeit = quantitative Raumfunktionen. Entsprechend A.
  C. Zeitfunktionen der Gleichzeitigkeit. Entsprechend A.

IV. Zugleichfunktionen als Grundlagen der genannten Gesetzesarten. Noch näher zu entwickeln.

Wir wollen hiermit noch nicht abschließen, sondern uns offen halten für neue Gesetze, die uns noch begegnen können.

---

1) Zum Problem von Arten der Folgefunktionen vgl. das Kapitel über „Die Urformen des Natur-Werdens" in Drieschs Ordnungslehre.

III. DING UND EIGENSCHAFTS-ARTEN

Wir haben gesehen, wie sich die allgemeine naturgesetzliche Funktion in Arten aufgliedert. Unser Sinn strebt aber darüber hinaus. Wir haben im letzten Kapitel Gesetzes-Arten losgelöst von den Dingen studiert. Wir streben aber gerade über diese Loslösung hinaus. Wir wollen das Walten der Gesetze im inneren Getriebe der Dinge und ihren mannigfachen Beziehungen zur Umwelt kennenlernen. Ja, das Problem der Gesetzes-Arten führte uns schließlich selbst zum Problem des Dings. Das Ding war uns ein architektonisches Gebild aus Eigenschafts-Arten. So wendet sich unser Blick zunächst auf die Verknüpfung von Eigenschafts-Arten und Gesetzes-Arten.

Aber welche Eigenschafts-Arten gibt es denn?

Das konkrete Ding steht im Naturgeschehen.[1] Es hat sein Entstehen und trägt dessen Spuren in sich. Während seines Bestehens gehen mannigfache Ereignisse über es hin und graben ihre Einwirkungen in es ein, bis es zugrunde geht. Es ist hineingestellt in größere naturgeschichtliche Zusammenhänge der Landschaft und der Erdperiode.

Was von dem Ding zu sagen ist, das ist ähnlich auch von der Art von Dingen zu sagen, etwa von den chemischen Stoffen. Sie kommen frei oder gebunden in der Natur vor. Das Vorkommen mag häufig sein oder selten. Nur unter bestimmten Bedingungen sind sie da und deshalb nur an den Orten, wo diese Bedingungen erfüllt sind. Ihr Vorkommen kann sich im Lauf der Zeiten ändern, wenn sich diese Bedingungen ändern. Wie die Dinge, so sind also auch die Stoffe naturgeschichtliche Individuen.

Aus den Grundbegriffen der Naturgeschichte sind nun zwei für unsere nächste Eigenschaftsanalyse wichtig: die Begriffe des Entstehens und des Bestehens.[2] Der Begriff des Entstehens ist bestimmend für jedes zusammengesetzte[3] Ding in der Naturgeschichte; es gibt keinen zusammengesetzten Naturkörper, der nicht entstanden wäre. Nicht ganz so universell ist das Walten des Begriffs des Bestehens. So gibt es z. B. chemische Stoffe, die bei irgendeiner Reaktion entstehen, sich aber sofort in andere Stoffe umsetzen, die also zwar ein Entstehen haben, aber kein Bestehen.

Nun läßt sich bei einem Ding, das in die Naturgeschichte eingewoben ist, nicht nur nach dem Wann und Wo seines Entstehens, sondern auch nach

---

1) Auf die tiefgreifenden Unterschiede zwischen Naturgeschichte und Kulturgeschichte einzugehen, besteht in dieser Schrift kein Grund. Darüber vgl. bes. die Schriften Rickerts.

2) Mit dem Begriff der Entwicklung wollen wir uns erst im später erscheinenden dritten Teil dieser Untersuchungen befassen.

3) Über die nicht zusammengesetzten Körper vgl. Kap. IV.

den Gründen für dieses Wann und Wo seines Entstehens fragen. Es wird gefragt: Weshalb sind die Staßfurter Salzlager zu ihrer Zeit entstanden? Wodurch entstand der Kochsalzreichtum des Mittelmeeres? Neben dieser Frage nach den Entstehens-Bedingungen hat auch in bestimmten Fällen die Frage nach den Gründen für das Nicht-Entstehen einen Sinn, wenn man die Dingart von anderen Raumzeitstellen her kennt. Man kann fragen, warum die Erdatmosphäre keine Eisendämpfe enthält, wie sie das Sonnenspektrum anzeigt, oder warum sich in der Luft keine Stickstoffoxyde bilden, wo doch dort Stickstoff und Sauerstoff in großen Mengen vorkommen.

Entsprechend diesen Entstehungsfragen sind auch zwei Bestehensfragen aufgegeben. Es wird die Frage nach den Bestehens-Bedingungen gestellt. Was sind die Gründe dafür, daß die Staßfurter Kalisalzlager sich bis heute erhalten haben? Weshalb erhalten sich diese ungeheuren Stickstoffmengen in der Luft, während andere Gase schnell wieder aus der Luft verschwinden? Auch diese Fragestellung hat ihr Gegenüber in der Frage nach den Gründen des Nichtbestehens. Weshalb etwa ist Natrium nicht beständig?

Genau besehen enthalten alle diese Fragen noch ein Doppeltes. Es muß jedesmal die allgemeine und die besondere Frage unterschieden werden. Man kann allgemein nach den Bedingungen des Entstehens fragen. Man kann ohne einen Hinblick auf ein Vorkommen hier oder dort im Laboratorium untersuchen, unter welchen Bedingungen sich Kalisalze bilden. Ebenso allgemein kann man auch im Laboratorium untersuchen, unter welchen Bedingungen Kalisalze beständig sind oder sich zersetzen. Man kann dann auch die besondere Frage stellen, unter welchen Bedingungen sich gerade dort in Staßfurt die Kalisalze gebildet haben und weshalb sie gerade dort sich erhalten haben.

Nun liegen die Gründe für das Bestehen — wenn wir bei ihm zunächst einmal bleiben — eines Dinges teilweise außer ihm. Es ist von den Umweltbedingungen abhängig, ob ein Körper einer bestimmten Art bestehen kann oder nicht. Aber es ist nicht nur von diesen Außenfaktoren abhängig. Die gleichen äußeren Faktoren können das Bestehen eines Dings der einen Art ermöglichen, während sie ein Ding der anderen Art zerstören. Die Ermöglichung des Bestehens ist also auch von Eigenschaften des Dings selbst abhängig. Wir nennen solche Eigenschaften **dingerhaltende Eigenschaften**. Umgekehrt ist auch die Zerstörung eines Dings nicht lediglich fremden Kräften zuzuschreiben. Es hängt auch von bestimmten Eigenschaften des Dinges ab, daß es sich gerade durch diese Kräfte zerstören läßt, die an Dingen anderer Art wirkungslos vorübergehen. **Wir** bezeichnen diese zweite Gruppe von Bestimmungen des Dinges als **dingzerstörende Eigenschaften**. Zwischen beiden Gruppen liegt aber noch eine dritte Gruppe. Zum Ding gehören auch Eigenschaften, die zu seiner Erhaltung in gar keiner Beziehung stehen, weder sein Bestehen ermöglichen noch es zugrunde richten. Sie nennen wir gleichgültige Eigenschaften.[1]) Alle drei Gruppen fassen wir zusammen als naturgeschichtliche Wirkungs-Eigenschaften.

Es gilt aber die Relativität dieser drei Eigenschaften. Das heißt: zu welcher der drei Gruppen eine Eigenschaft gehört, das hängt innerhalb bestimmter Grenzen von den jeweiligen äußeren Umständen ab. Dieselbe Eigenschaft, welche bei bestimmten äußeren Umständen dingerhaltend wirkt, kann bei veränderten äußeren Umständen dingzerstörend wirken. Eine Verbindung sei etwa beständig bis zur Temperatur a. Diese Eigenschaft ist Bestehensbedingung, solange sich die Temperatur unter a hält. Dieselbe Eigenschaft ist dingzerstörend, sobald die Temperatur a überschritten wird.[2]) Demnach gelten jene drei naturgeschichtlichen Wirkungsgruppen von den Dingen in ihrer Besonderheit. Es kann demnach die allgemeine Untersuchung am Einzelnen nur erkennen, unter welchen Umständen eine bestimmte Eigenschaft dingerhaltend, dingzerstörend oder gleichgültig ist. Erst die Untersuchung des Besonderen kann feststellen, daß hier in diesem Fall eine Eigenschaft etwa dingzerstörend wirkt.

Wir erkannten schon im ersten Kapitel, daß die Chemie näher an die Dinge herankomme als die Physik, daß die physikalischen Gesetze Fälle an Dingen bestimmen, während in die chemische Umwandlung das ganze Ding hineingezogen wird. Wir zitierten den Satz von Cassirer, daß das Ziel und eigentliche Gebiet der Physik die reinen Gesetzesbegriffe bilden. „Die Chemie erst stellt das Problem des Einzeldings in aller Entschiedenheit in den Vordergrund." Wir haben aber am Einzelding das Einzelne und das Besondere unterschieden. Wie früher auf Grund der Unterscheidung von Fall und Ding die Chemie von der Physik zu unterscheiden war, so ist nun auf Grund der Unterscheidung von Einzelheit und Besonderheit im Ding die Chemie von Mineralogie und Geologie zu unterscheiden. (Wie es freilich zwischen den Gliedern der ersten Wissenschafts-Unterscheidung Zwischenglieder gibt, so gibt es auch welche zwischen denen der nunmehrigen Unterscheidung. Aber Zwischenglieder heben eine Unterscheidung nicht auf, sondern verbinden nur die in ihrer Unterschiedenheit verbleibenden Endglieder.)

Nur als Einzelnes ist das Ding Gegenstand der Chemie, auch als Besonderes ist es Gegenstand der Mineralogie und

---

1) „Indifferente Merkmale" vgl. Plate S. 47.
2) Vgl. hierzu den Übergang indifferenter Merkmale in „selektionswertige", d. h. dingerhaltende nach Plate S. 138ff.

Geologie. Dabei ist zu beachten, daß wir zwar sagen „nur als Einzelnes", dann aber „auch als Besonderes", nicht etwa „nur als Besonderes". Denn ein Gegenstand kann nicht nur als Besonderes betrachtet werden; da er ja Besonderung eines Allgemeinen ist, kann er nur im Zusammenhang mit diesem Allgemeinen auch in seiner Besonderheit erkannt werden. Die Chemie untersucht einen Körper auf den Stoff hin, der als derselbe noch in vielen anderen Körpern ist. Mineralogie und Geologie können einen Körper auch untersuchen auf die ihn bildenden allgemeinen Stoffe. Aber sie bleiben bei diesen allgemeinsamen Stoffen nicht stehen. Vielmehr wollen sie die eigentümlichen Verhältnisse eines besonderen Körpers von einem besonderen Fundort untersuchen. Demnach ist es Sache der Chemie, das Allgemeine der naturgeschichtlichen Wirkungseigenschaften festzustellen, d. h. festzustellen, unter welchen Bedingungen ein Stoff beständig ist und von welchen Eigenschaften des Stoffs diese Beständigkeit abhängt, unter welchen Bedingungen ein Stoff unbeständig ist und von welchen Eigenschaften des Stoffs diese Unbeständigkeit abhängt. Sache von Mineralogie und Geologie ist es dann, diese Untersuchung der naturgeschichtlichen Wirkungs-Eigenschaften ins Besondere weiterzuführen, festzustellen, von welchen Eigenschaften eines Körpers sein Bestehen oder Vergehen an einer Raumstelle abhängt.

Es gilt jetzt, die drei naturgeschichtlichen Wirkungseigenschaften auf die im vorigen Kapitel entwickelten Gesetzesarten zu beziehen, zu untersuchen, ob diese Eigenschaftsarten durch welche von jenen Gesetzesarten bestimmt werden und welche das sind, oder ob sie uns auf Gesetzesarten hinweisen, die wir damals noch nicht fanden.

Die gleichgültigen Eigenschaften haben freilich in dieser Gleichgültigkeit keine Beziehung aufs Gesetz. Gewiß sind sie im übrigen genau so in die Gesetzesordnung der Natur eingefügt wie jede andere Eigenschaft. Nur haben diese gesetzmäßigen Beziehungen der gleichgültigen Eigenschaften keine gesetzmäßige Beziehung, d. h. überhaupt keine Beziehung zur Erhaltung des Dings.

Die dingzerstörenden Eigenschaften unterstehen Kausalgesetzen in ihrer Beziehung auf die Zerstörung des Dings. Wenn ein Faktor *a* auf ein Ding trifft, dann beginnt es sich zu zersetzen. In den allermeisten Fällen besteht der Ursachkomplex in einer derartigen Funktion aus Faktoren, die von außen kommen und aus dem Ding. Wenn sich Quecksilberoxyd beim Erwärmen zersetzt, so enthält der Ursachkomplex erstens das Quecksilberoxyd und zweitens die Wärme. Hier besteht also die Kausalrelation zwischen dem Ding und Außenfaktoren; und dieses Verhalten des Dings ist eine dingzerstörende Eigenschaft. Es kann aber auch sein, daß alle Faktoren des dingzerstörenden Ursachkomplexes im Ding selbst enthalten sind. So ist es vielleicht beim Atomzerfall radioaktiver Substanzen, den wir durch äußere Faktoren nicht beeinflussen können. Wird die dingzerstörende Eigenschaft durch eine Kausalgleichung konstituiert, so wird sie zugleich auch bestimmt durch die Funktionen des Zugleich, welche mit den Kausalgesetzen verbunden sind. Wie der Atomzerfall durch (uns noch unbekannte) Kausalgesetze beherrscht wird, so unterliegt er auch den damit verbundenen Zugleichgesetzen. Es ist etwa die Zahl der innerhalb einer bestimmten Zeit zerfallenden Atome eine Funktion von der Zahl der in der Zeiteinheit zerfallenden Atome und der Zahl der Zeiteinheiten[1]): also ein Gesetz von dem bekannten Typus, nur daß es komplexer ist als die früheren Fälle, nur daß es als Basis den Komplex „Atomzahl" hat.

Wie steht es aber nun mit der gesetzmäßigen Begründetheit der dingerhaltenden Eigenschaften? Im Biologischen beruhen diese zum Teil auf Kausalgesetzen. Wenn der Magensaft eines Hundes Pepsin ausscheidet beim Anblick von Fleisch und beim Geruch, wenn sich die Blätter der Pflanzen nach dem Lichte wenden usw., so sind das alles dingerhaltende Eigenschaften, welche auf Kausalgesetzen basieren. Ihnen wird im dritten Teil dieser Untersuchungen noch genauer nachzuforschen sein. In diesen Fällen handelt es sich um Veränderungen am Ding. Im Anorganischen kommen aber nur ausnahmsweise dingerhaltende Veränderungen vor. Ein Körper bleibt etwa erhalten, weil sein Schmelzpunkt über der derzeitigen Temperatur liegt. Die Bedingung für diese Art von Erhaltung kann kein Kausalgesetz sein; denn es findet ja keine Veränderung statt. Dennoch besteht nicht die Beziehungslosigkeit wie bei den gleichgültigen Eigenschaften. Wir werden hier an eine neue Gesetzesart herangeführt, die hier nur erst als Problem gesehen werden soll. Wenn wir im zweiten Teil die Gleichgewichtsgesetze untersuchen werden, müssen wir auch auf das jetzige Problem zurückkommen. Außer der Gründung auf Kausalgesetze und Gesetze dieser anderen uns noch problematischen Art, besteht noch eine dritte Möglichkeit für dingerhaltende Eigenschaften. Es kann auch sein, daß keine Gesetzesbeziehung das Ding von einem Faktor außerhalb abhängig macht. Dann wird das Ding deshalb erhalten, weil es nicht auf den betreffenden äußeren Faktor reagiert, wie es etwa bei einem chemischen Stoff der Fall ist, der von einem anderen nicht angegriffen wird. Dies Nicht-Reagieren kann sehr wichtig sein, und die Chemie strebt, auch dies zu erkennen, etwa zu erfahren, durch welche Säuren ein Metall nicht zersetzt wird. Dennoch handelt es sich hier nicht um ein Gesetz, sondern gerade um das Fehlen eines Gesetzes.

Nun ist eine Mehrheit von Eigenschaften eines Dinges jedesmal zur

---

1) Über die Gleichung der Abklingungskurve vgl. E u c k e n S. 15f., 21f., 354.

Erhaltung dieses Dinges vereinigt. Soll ein chemischer Körper an einer bestimmten Raumstelle erhalten bleiben, muß sein Siedepunkt so liegen, daß er bei den Druck- und Temperaturbedingungen der betreffenden Stelle nicht als Gas entweicht; er darf unter den Bedingungen jener Stelle nicht in dem Wasser löslich sein, das an ihm vorbeifließt; er darf keine Affinität haben zu den übrigen Stoffen, mit denen er dort in Berührung kommt. Es muß eine Mehrheit dingerhaltender Eigenschaften vorhanden sein. Indessen genügt eine einzige dingzerstörende Eigenschaft, z. B. Löslichkeit in Wasser, um den Körper zu beseitigen. Es fragt sich nun, welcher Art diese Einheit der verschiedenen gleichzeitigen Eigenschaften ist, ob sie eine gesetzmäßige ist oder in welcher Beziehung sie zu einer gesetzmäßigen Einheit steht.

Die verschiedenen gleichzeitigen Eigenschaften sind notwendig, weil eine Mehrzahl verschiedener Faktoren das Ding berührt. Diese Faktoren gehören zwar alle der einen zusammenhängenden Natur an. Aber in dieser Natur müssen sie nicht zu einer besonderen Einheit zusammengeschlossen sein. Deshalb werden diese äußeren Faktoren auch nicht einen einheitlich gesetzmäßigen Zusammenschluß der Eigenschaften verlangen, welche das Ding gegen sie behaupten. So ist zu sagen: die Dingerhaltung verlangt zwar eine Mehrheit gleichzeitiger Eigenschaften, aber sie verlangt nicht, daß über diesen gleichzeitigen Eigenschaften auch ein Zugleichgesetz steht, das sie verbindet. Damit ist freilich nicht gesagt, daß diese gleichzeitigen Eigenschaften unter keinem Zugleichgesetz stehen d ü r f e n, sie müssen es nur von hier aus nicht; es ist aber offen gelassen, ob sie es nicht vielleicht aus anderen Gründen müssen.

Die drei nun skizzierten naturgeschichtlichen Wirkungseigenschaften beruhen auf dem naturgeschichtlichen Grundbegriff des Bestehens. In dem Naturgeschehen ist der aber erst in zeitliche Folge gesetzt von dem E n t s t e h e n. Welchen Ertrag für die Eigenschaftsanalyse vermag nun der Begriff des Entstehens zu liefern? Die Bedingungen für das Entstehen des Dinges, des zusammengesetzten Dinges, können nicht in dem Ding selbst liegen, das als Ergebnis des Entstehens nicht dessen Bedingung sein kann. Es kann also keine Dingeigenschaften geben, welche Entstehensbedingungen sind, wie es Dingeigenschaften gibt, welche Bestehensbedingungen sind. Dennoch: kann auch das Ding nicht vor seinem Entstehen da sein, so sind aber die nachherigen Bestandteile des Dinges vor seinem Entstehen da. Unter bestimmten Bedingungen ergibt sich aus dem Zusammenkommen der Bestandteile das Ding. Das Entstehen des Dinges hat also zwei Gründe, einmal in jenen Bedingungen, die nicht zu Bestandteilen des Dinges werden, zum andernmal in den zukünftigen Bestandteilen. Dann sind also E i g e n s c h a f t e n d e r B e s t a n d t e i l e E n t s t e h e n s b e d i n-

gungen für das Ding. In dem Gesagten ist implizite schon enthalten, daß auch hier Kausalfunktionen am Werke sind, deren Kausal-
komplexe die Bestandteile des Dinges mit ihren Eigenschaften enthalten,
deren Wirkung das Ding selbst ist. Wir begegnen hier der Unterscheidung
von Eigenschaften des Dinges und Eigenschaften seiner Teile.

Nun lassen sich die Eigenschaften nicht nur nach ihrer naturgeschichtlichen Wirkung unter dem Gesichtspunkt der Erhaltung gruppieren. Sie
lassen sich auch in bezug auf ihre naturgeschichtliche Entstehung ordnen
in eigenwüchsige und erhaltene Eigenschaften. Eigenwüchsige
Eigenschaften sind solche, die alle Dinge einer bestimmten Dinggruppe besitzen müssen, wo und unter welchen Umständen sie auch entstanden sind,
an welcher Stelle von Raum und Zeit sie auch stehen mögen. Wo ein Ding
jener Gruppe ist, da sind auch die eigenwüchsigen Eigenschaften. Die erhaltenen Eigenschaften sind diejenigen, welche das Ding im Verlauf seines
zeitlichen Daseins durch besondere „Schicksale" empfangen hat. Das
Molekulargewicht gehört zu den eigenwüchsigen Eigenschaften des Sili-
ziumdioxyds. Wo reiner Quarz vorkommt, besitzt er dies Molekulargewicht. Nun befinde sich irgendwo ein Bergkristall, dem etwa ein ab-
stürzendes Felsstück die Spitze abgeschlagen hat. Dieser Torso-Charakter
gehört dann zu den erhaltenen Eigenschaften dieses Bergkristalls.[1]

Daß kein Irrtum entsteht: eigenwüchsig nennen wir nicht etwa die Eigenschaften, welche ein Ding auf Grund seiner eigenen Schicksale im Gegensatz zu den von der Gattung erhaltenen erworben hat, sondern umgekehrt
nennen wir das Gattungshafte im Gegensatz zu dem von außen Heran-
gekommenen eigenwüchsig. Entsprechend heißt auch „erhalten" hier
nicht etwa „von der Gattung erhalten", sondern „von Außenfaktoren im
Laufe des Daseins erhalten".

Die Einteilung der Eigenschaften in naturgeschichtliche Wirkungsgruppen und die in naturgeschichtliche Entstehungsgruppen überkreuzen
sich. Eine Eigenschaft gehört also nicht entweder dem einen oder dem
anderen Gruppenkomplex an, sondern sie muß sowohl dem einen als auch

---

1) Bei den Organismen kompliziert sich insofern der Sachverhalt, als hier
dreierlei zu unterscheiden ist. Da sind erstens die eigenwüchsigen Eigenschaften der Art, d. h. die Eigenschaften, welche das Individuum seiner Art-
Zugehörigkeit verdankt, welche es mit allen anderen Individuen der Art gemeinsam hat. Dazu gesellen sich zweitens die eigenwüchsigen Eigenschaften
des Individuums, d. h. jene zu dem Art-Charakter hinzukommenden Eigenschaften des Individuums, welche es durch Vererbung besitzt. Daran schließen
sich drittens noch die von außen erhaltenen Eigenschaften, die das Individuum während seines Lebenslaufes erwirbt. Genauer wird darauf im dritten Teil
dieser Untersuchungen einzugehen sein, auch auf die Zwischenformen zwischen
diesen drei Eigenschaftsarten.

dem anderen angehören. Jede Eigenschaft ist erstens dingerhaltend oder dingzerstörend oder gleichgültig und sie ist zugleich auch entweder eigenwüchsig oder erworben.

Die eigenwüchsigen Eigenschaften gehören dem Ding an, soweit es Einzelnes ist. Denn es sind ja die Eigenschaften, die es gemeinsam mit allen Dingen seiner Dinggruppe besitzt. Wir wissen, daß die Dinge als Einzelne Gegenstand der Chemie sind, als Einzelfälle ihres Stoffs. So sind auch die eigenwüchsigen Eigenschaften Gegenstand der Chemie.

Die eigenwüchsigen Eigenschaften gehören auch dem Ding an, soweit es Besonderes ist. Denn es sind die eigenwüchsigen Eigenschaften, die sich in ihm besondert haben. Sein absolutes Molekulargewicht ist dem Siliziumdioxyd eigenwüchsig. Das Gewicht des Bergkristalls hier ist aber die Summe seiner Molekulargewichte, also eine besondere Komplexion einer eigenwüchsigen Eigenschaft.

Die erhaltenen Eigenschaften gehören dem Ding an, soweit es Besonderes ist. Denn es sind ja gerade die Male des eigentümlichen Schicksals eines Dinges. Sie sind einmalig, wie die kontinuierliche Reihe von Situationen, welche jedes besondere Ding durchläuft. Die erhaltenen Eigenschaften sind auch Gegenstand von Mineralogie und Geologie, insofern diese untersuchen, welche Besonderheiten die Mineralien und Gesteine eines bestimmten Fundorts besitzen.

Wir haben jetzt auch diese beiden Eigenschaftsarten in ihrer Bezogenheit auf Gesetze zu untersuchen. Da wir von außen her immer tiefer ins Innere des Dinges eindringen wollen, beginnen wir mit den erhaltenen Eigenschaften. Wir fragen: Besteht zwischen den erhaltenen Eigenschaften untereinander ein gesetzmäßiger Zusammenhang und, falls einer besteht, welcher Art ist er? Welcher Art ist die gesetzmäßige Gründung der einzelnen erhaltenen Eigenschaft?

Die Frage nach einem gesetzmäßigen Zusammenhang der erhaltenen Eigenschaften steht in gewisser Parallele zu der Frage nach dem gesetzlichen Zusammenhang der dingerhaltenden Eigenschaften. Auch die Antworten berühren sich teilweise. Dort wie hier gilt das gleiche von der umgebenden Natur: Alle Einflüsse, welche das Ding treffen, gehören dem einheitlichen Naturzusammenhang an. Innerhalb dieses einheitlichen Naturzusammenhangs bilden sie aber untereinander nicht noch einmal eine besondere Einheit. Deshalb, erkannten wir, brauchen auch die dingerhaltenden Eigenschaften zum Zweck der Dingerhaltung gegen diese uneinheitlichen Bedrohungen keine gesetzmäßige Einheit zu bilden (wenn sie es freilich auch können). Damals handelte es sich nur um die Abwehr äußerer Einflüsse. Hier aber bei den erhaltenen Eigenschaften sind diese

Einflüsse in das Ding eingedrungen. Sagten wir damals, es braucht kein
Zugleichgesetz da zu ein, aber es kann da sein, so erkennen wir bei der
jetzigen Eigenschaftsgruppe kategorisch: Es besteht kein Zugleichgesetz.
Die erhaltenen Eigenschaften bilden keinen in sich zugleichgesetzlichen Komplex zusammen. Der Quarzkristall, von dem wir
sagten, ihm habe ein Felssturz die Spitze abgeschlagen, kann etwa als erhaltene Eigenschaft eine unvollkommene Ausbildung in einer bestimmten
Richtung haben, weil dort sein Wachstum aus irgendeinem Grund gehemmt
wurde. Die abgebrochene Spitze und die unvollkommene Ausbildung
stehen in keiner gesetzmäßigen Beziehung zueinander. Wenn die erhaltenen Eigenschaften auch keinen in sich zusammenhängenden Komplex
bilden, vielmehr ein bloß Zusammengeratenes sind, so schließt das nicht
aus, daß sich in diesem Zusammengeratenen auch einzelne zugleichgesetzliche Komplexe finden. Ja wir müssen sogar noch mehr sagen: Die einzelne
erhaltene Eigenschaft ist das Wirkungsglied einer Kausalfunktion, wie
wir vorwegnehmend sagen dürfen. Nun hat uns das Ende des zweiten
Kapitels gezeigt, daß die Kausalgesetze Zugleichgesetze als ihre Möglichkeitsbedingungen voraussetzen. Die Wirkung, also auch die erhaltene
Eigenschaft, ist in sich ein zugleichgesetzliches Gefüge. Aber gilt das auch
von der einzelnen erhaltenen Eigenschaft, so gilt es dennoch nicht von dem
Aggregat aller erhaltenen Eigenschaften. Es gibt kein Gesetz, das bestimmte, welche erhaltenen Eigenschaften zusammen kommen müßten,
welches Ganze erhaltener Eigenschaften mit einer erhaltenen Eigenschaft
verbunden sein müßte.

Ähnlich verhalten sich die erhaltenen Eigenschaften auch zu den Folge-
gesetzen. Die Gesamtheit der erhaltenen Eigenschaften wird
auch durch keine Folgefunktion verknüpft. Diese Eigenschaften
sind unabhängig von einander entstanden und brauchen nicht einander zu
folgen. Das schließt natürlich nicht aus, daß einzelne erhaltene Eigenschaften miteinander kausal verkettet sind. Nur ihre Gesamtheit tut das
nicht. Wir erwähnten das Beispiel vom Kristall, dem eine Spitze abgeschlagen ist. In den Sprüngen, die sich beim Abschlagen der Spitze bilde-
ten, werden nun Erosionswirkungen einsetzen, so daß zwischen ihnen und
dem Spitzenverlust kausale Beziehungen bestehen. Aber dieser kausale
Teilkomplex bildet keine folgefunktionale Einheit mit den anderen erhaltenen Eigenschaften, etwa der unvollkommenen Ausbildung.

Wir hatten nicht nur nach Gesetzen für das Zusammensein erhaltener
Eigenschaften gefragt, wir frugen auch nach der Gesetzesart für das Entstehen der erhaltenen Eigenschaften. Die Antwort ist implizite und ex-
plizite seither schon gegeben worden. Das Entstehen erhaltener
Eigenschaften beruht auf Kausalgesetzen. Dabei können sie

entweder durch Abgabe von Kausalitätsbetrag oder durch Empfang von Wirkungsbetrag entstanden sein.

Verweilen wir zunächst bei dem zweiten Fall, daß die erhaltene Eigenschaft eine Wirkung ist. Nach dem, was wir früher über den Sinn von „erhalten" gesagt haben, muß die erhaltene Eigenschaft von Umweltfaktoren verursacht sein. Aber sind die Umweltfaktoren die einzigen Ursachen? Wir wissen ja, daß stets eine Zweiheit oder Mehrheit von Ursachen nötig ist zur Einleitung einer Wirkung. So sind auch die erhaltenen Eigenschaften nicht lediglich der Umwelt zuzuschreiben. Es ist doch das Ding, auf das die Einflüsse der Umwelt auftrafen. Es ist doch das Ding, das durch sie verändert wurde. Und es wurde seiner Art gemäß durch sie verändert. Ein Kristall von anderer Art hätte durch den gleichen Faktor der Umwelt eine andersartige Bruchfläche erhalten. Das heißt aber: die erhaltenen Eigenschaften weisen auf die eigenwüchsigen zurück als die eine Seite ihrer Bedingungen.

Von hier aus sind die Erwägungen über Gesetzesbeziehungen der erhaltenen Eigenschaften untereinander noch einer Klärung fähig. Aus der Uneinheitlichkeit der verursachenden Außenfaktoren leiteten wir die Zusammenhanglosigkeit der erhaltenen Eigenschaften ab. Nun sehen wir aber, daß letztere zwar nicht ausschließlich aber doch nach der einen Seite auf eigenwüchsigen Eigenschaften beruhen! Wenn nun diese eine zugleichgesetzliche Einheit bilden? Das ist freilich noch zu untersuchen. Aber hier kann dennoch schon gefragt werden: Wenn die den erhaltenen Eigenschaften von der einen Seite Grund gebenden eigenwüchsigen zugleichgesetzlich verbunden sind, werden dann nicht auch die erhaltenen Eigenschaften ein zugleichgesetzliches Gefüge sein? Da läßt sich schon hier antworten: Mögen die erhaltenen Eigenschaften auch durch die eigenwüchsigen bestimmte gemeinsame Züge erhalten, so bilden sie dennoch keine kontemporär-funktionale Einheit. Denn wir wissen, daß in einer Kausalfunktion die Wirkung erst dann einsetzt, wenn die letzte Einzelursache mit den anderen zusammengetroffen ist. Diese letzte Einzelursache, welche den Zeitpunkt für das Eintreten der Wirkung bestimmt, nannten wir Zeitfaktor. Nun sind die eigenwüchsigen Eigenschaften des Dinges ja immer vorhanden. Es sind also die Außenfaktoren die Zeitfaktoren für das Eintreten der erhaltenen Eigenschaften. Sie bestimmen also, ob eine mögliche erhaltene Eigenschaft eintritt oder nicht. Da die Außenfaktoren unter sich keine gesetzliche gleichzeitige Einheit bilden, so hängt das Eintreten und damit Dasein der erhaltenen Eigenschaften von Faktoren ab, die nicht in einer Zeit durch Notwendigkeit verbunden sind. Dann kann zwischen ihnen selbst auch nicht diese Notwendigkeit bestehen. Klarer und deutlicher verstehen wir jetzt das Beispiel, daß zwischen der unregelmäßigen Ausbildung des Kristalls und seinem Spitzenverlust kein Zugleichgesetz waltet, was uns zunächst bloß in der Vorstellung einleuchtete.

Unser Ergebnis wird nicht wesentlich anders, wenn wir eine Eigenschaft nicht durch Empfang von Wirkungsbetrag, sondern durch Abgabe von Ursächlichkeitsbetrag entstanden denken. Auch hier hängt es vom Ding ab, daß es unter diesen bestimmten Umständen gerade diesen Kausalitätsbetrag abgab. Auch hier stehen also die eigenwüchsigen Eigenschaften tragend im Hintergrunde. Auch hier hing es von den ungeordneten Mitfaktoren der Umwelt ab, daß das Ding so Kausalitätsbetrag verlor. Es besteht also auch von hier aus keine notwendige Verbindung zur Zeiteinheit.

Am Anfang unterschieden wir die beiden Gruppen von naturgeschichtlichen Entstehungs-Eigenschaften, die eigenwüchsigen und die erhaltenen. Bald aber sahen wir, daß die so voneinander unterschiedenen Eigenschaften auch aufeinander bezogen sind, daß die erhaltenen Eigenschaften mitbedingt sind durch die eigenwüchsigen. So wurden wir zu den eigenwüchsigen Eigenschaften geführt, die jetzt zu untersuchen sind.

Daß der Kristall seine Spitze verloren hat und gerade so weit, das ist eine erhaltene Eigenschaft, die diesem besonderen Kristall zukommt. Der Lage des Schlagpunktes, in dem der abstürzende Fels auftraf, der Schlagrichtung, in der er auftraf usw., ist die einmalige Bruchform dieses einmaligen Dinges zuzuschreiben. Aber daß bei dem Quarzkristall die Bruchfläche muschelig ist, das hat er nicht als besonderer, sondern als einzelner, d. h. bei jedem Quarzkristall ist der Bruch, sofern er überhaupt einen hat, muschelig. Die Eigenschaft, muschelig zu brechen, ist also keine erhaltene, sondern eine eigenwüchsige, eine für eine Klasse von Dingen gemeinsame. Nun tritt aber diese Eigenschaft nicht bei allen Quarzkristallen zutage. Bei unverletzten ist nichts zu sehen. Der Quarzkristall muß also nicht einen muscheligen Bruch haben. Nur wenn er einen Bruch erhält, muß es ein solcher sein. Wir bezeichnen solche eigenwüchsigen Eigenschaften als potentielle Eigenschaften.

Das Verhältnis von erhaltenen und potentiellen Eigenschaften ist an dem Beispiel eben schon deutlich geworden und kann nun allgemein ausgedrückt werden. Die einmaligen erhaltenen Eigenschaften setzen eigenwüchsige Eigenschaften voraus. Dabei fordern sie als Bedingungen zunächst solche, die gerade ihr Abweichen vom unbeeinflußt entwickelten Typus ermöglichen. Sie fordern eigenwüchsige Eigenschaftsveränderungs-Eigenschaften. Als einmalige Reaktionen fordern sie allgemeine Reaktionsweisen. Als Ergebnis von Einwirkungen von außen verlangen sie Grund für die Art der in ihnen enthaltenen Veränderungen auch im Ding selbst.

Die erhaltenen Eigenschaften verlangen potentielle Eigenschaften als ihre Bedingungen. Und diese potentiellen Eigenschaften werden in jedem einmaligen Ding auf je besondere Weise aktuell. So ist es zwar ein Charakteristikum jedes Quarzkristalls, muschelig brechen zu können; aber Maße und Verhältnisse dieses muscheligen Bruchs sind jeweils ganz einmalige. So verbinden die potentiellen Eigenschaften das Einzelne und Besondere in jedem Ding, indem sie aus ihrer Allgemeinheit jedesmal eine besondere Ausbildung erfahren. So schließt sich mit Notwendigkeit eine Eigenschaftsart an die andere.

Das Verhältnis der potentiellen Eigenschaften zu den drei naturgeschichtlichen Wirkungsgruppen ist leicht einsichtig. Potentielle Eigenschaften können jeder der drei naturgeschichtlichen Wirkungsgruppen von Eigenschaften angehören. So ist die Zersetzlichkeit des Quecksilberoxyds beim Erwärmen eine dingzerstörende potentielle Eigenschaft. So ist die „Fähigkeit" des Siegellacks, beim Reiben elektrisch zu werden, eine gleichgültige potentielle Eigenschaft. So ist die „Fähigkeit" eines Organismus, einen verlorengegangenen Teil wieder herzustellen, eine dingerhaltende potentielle Eigenschaft. Wir werden im dritten Teil dieser Untersuchungen sehen, welche Bedeutung diese dingerhaltenden potentiellen Eigenschaften für das Reich des Organischen besitzen. Doch fehlen derartige Bestimmtheiten nicht ganz im Chemischen. Wenn etwa ein Natriumstück sich mit einer Oxydhaut überzieht, so schützt dies das Innere des Stücks vor Oxydation.

Wenn nun das Verhältnis der potentiellen Eigenschaft zum Gesetz und zum Ding untersucht werden soll, so muß erst der Komplex „potentielle Eigenschaft" noch durch Unterscheidungen aufgehellt werden.

Unter „potentieller Eigenschaft" kann man erstens eine Eigenschaft verstehen, welche dem Ding in einem bestimmten Dingaugenblick nicht eignet, welche das Ding aber in Zukunft einmal erhalten kann. Wir sprechen dann von einer möglichen Eigenschaft. (Genauer müßten wir reden von einer bloß möglichen Eigenschaft; denn auch die wirkliche Eigenschaft ist möglich, nur ist sie nicht nur möglich.) Unter „potentieller Eigenschaft" kann man zweitens eine Eigenschaft verstehen, welche das Ding auf Grund der Dingart, zu der es gehört, nicht notwendig haben muß, welche es aber durch Außenfaktoren einmal hat. Wir sprechen dann von einer ermöglichten Eigenschaft. Die ermöglichten Eigenschaften sind identisch mit den erhaltenen Eigenschaften. Wird eine mögliche Eigenschaft zu einer ermöglichten, dann sprechen wir von der Aktualisierung der potentiellen Eigenschaft. Drittens kann man unter „potentieller Eigenschaft" eine solche Bestimmtheit verstehen, welche das Ding auf Grund der Dingart, zu der es gehört, nicht notwendig haben muß, welche es aber durch Außenfaktoren haben kann, jetzt ohne Rücksicht darauf, ob es sie in einem bestimmten Augenblick wirklich hat oder nicht. Hier reden wir im allgemeineren Sinn von potentieller Eigenschaft. Wenn wir in diesem Sinn von einem Bergkristall sagen, er besitze muscheligen Bruch als potentielle Eigenschaft, so ist damit noch gar nichts behauptet, ob er nun faktisch verletzt ist oder nicht. Diese dritte Bedeutung faßt also die beiden ersten in sich, ohne eine einzelne von ihnen zu meinen. Wenn wir künftig den Ausdruck „potentielle Eigenschaft" gebrauchen, so soll er immer in diesem dritten Sinne aufgefaßt werden. Anderenfalls wird besonders „mögliche" oder „ermöglichte" Eigenschaft angegeben.

Es geht aus dem Gesagten hervor, daß nur die möglichen Eigenschaften eigenwüchsig sind. Wo sich auch ein Bergkristall findet, in ihm liegt immer die Möglichkeit, muschelig zu brechen. Die ermöglichte ist eine auf eigenwüchsigen mit beruhende erhaltene Eigenschaft. Und die potentielle Eigenschaft ist eine Brücke zwischen eigenwüchsigen und erhaltenen Eigenschaften, wie sie nach unserer früheren Erklärung das Einzelne und das Besondere des Dinges verknüpft.

Noch eine weitere Gruppe von Unterscheidungen muß aber gemacht werden, wenn wir die gesetzliche Verwurzelung der potentiellen Eigenschaft erkennen wollen. In der potentiellen Eigenschaft geschieht eine Veränderung am Ding. Es besteht dann am Ding eine selber eigenwüchsige Veränderungsgrundlage für die potentielle Eigenschaft. Daß aber nun auf dieser Grundlage die durch die potentielle Eigenschaft bezeichnete Veränderung stattfinde, dazu ist ein Veränderungsanlaß nötig. Dieser Veränderungsanlaß muß — vom Ding aus gesehen — von außen auftreffen. Wenn dies geschehen ist, dann vollzieht sich der Veränderungsvorgang. In diesem wird nicht nur die Grundlage sondern auch der Anlaß verändert. Die Veränderung des Anlasses macht seine Beteiligung am Vorgang aus, indem z. B. thermische in chemische Energie übergeführt wird. Aber noch ein viertes Moment muß unterschieden werden: dies ist das Veränderungsergebnis. Man könnte versucht sein, dies vierte Moment vom dritten nicht zu unterscheiden. Man könnte sagen, der Vorgang sei ja nichts anderes als das kontinuierliche Werden des Ergebnisses, das also seinem ganzen Verlauf innewohne. Die Behauptung des kontinuierlichen Herauswachsens des Ergebnisses aus dem Vorgang ist gewiß richtig. Dennoch sind beide zu unterscheiden. Das wird daran deutlich, daß ja dasselbe Ergebnis aus verschiedenen Vorgängen entstehen kann. So kann etwa dieselbe chemische Verbindung sowohl durch Verbindung ihrer Elemente als auch durch Zersetzung einer komplizierteren Verbindung entstehen. Aber noch sind wir nicht fertig mit der Unterscheidung der Momente einer potentiellen Eigenschaft. Alle die Momente, die wir genannt haben, gehören ja zusammen durch gesetzliche Verknüpfung. Als fünftes und zwischen allen anderen Zuordnung stiftendes Moment fungiert also das Gesetz der potentiellen Eigenschaft. Nun bestimmt dies Gesetz eine Veränderung der Energieumlagerung oder Energieumwandlung. Die Gesetze der potentiellen Eigenschaften sind Kausalgesetze.

Hier, wo die Gesetzlichkeit der potentiellen Eigenschaft erkannt ist, sei noch einmal darauf hingewiesen, daß „möglich", „potentiell" hier nicht etwa zufällig bedeutet, daß „möglich" hier nicht etwas bedeutet, das genau so gut sein kann, wie es nicht sein kann. Vielmehr ist dies gemeint: Im Begriffsgefüge des Dinges ist mit gesetzlicher Notwendigkeit bestimmt, wie es sich unter bestimmten äußeren Bedingungen verhalten wird. Es liegt aber nicht in der Macht des Dinges, diese äußeren Bedingungen zu schaffen; daher sind sie ja „äußere". Da diese äußeren Einflüsse nicht aus der Notwendigkeit des Dinges hervorgehen, sondern aus dem gesetzlichen Geflecht der Umwelt, sind sie vom Ding aus gesehen bloß möglich. Und als notwendige Verhaltungsweisen zu den dergestalt möglichen Außenkräften sind die potentiellen Eigenschaften selber möglich. Es sind also die potentiellen Eigenschaften gesetzmäßige Verhaltungsweisen des Dinges zu Bedingungen, deren gesetzmäßige Gründe nicht im Ding selbst liegen.

Wenn wir von hier aus einen Blick auf den Begriff des Dinges werfen, so ist zu sagen: Kausalgesetze gehören zu den Dingbegriffen als die Bestimmer der potentiellen Eigenschaften. Dabei muß noch offen bleiben, ob die Kausalgesetze nur diese Aufgabe im Dingbegriff haben oder ob sie noch andere Funktion erfüllen. In diesen kausalgesetzlichen potentiellen Eigenschaften erweist sich der Dingbegriff als inhaltsreicher als das Ding. An keiner Stelle vielleicht tritt die Konkreszenztheorie des Begriffs in so deutlichen Gegensatz zur alten Abstraktionstheorie als hier. Nach der Abstraktionsauffassung gelangt man vom Ding oder von den Dingen durch Weglassen von Bestimmungen zum Begriff. Der Begriff ist also um diese Bestimmungen ärmer als die Dinge. Um den Begriff eines einzelnen Dinges zu bilden, würde man nach dieser Auffassung alles weglassen, wodurch sich ein Zustand dieses Dinges vom anderen unterscheidet. Man würde nur die gemeinsamen Merkmale aller dieser Zustände übrigbehalten. Nur diese würden den abstrakten Begriff des Einzeldings ausmachen, der um die abgetrennten Zustandscharaktere inhaltsärmer wäre, als die einzelnen Dingzustände. Für die Konkreszenstheorie ist, wie wir früher schon im Anschluß an B a u c h sagten, der Begriff „die Allheit der Bedingungen seiner Besonderheiten". Der Begriff enthält alle Gesetze, welche das Ding in seiner Besonderheit bestimmen. Deshalb enthält der Dingbegriff auch die Kausalfunktionen für die Aktualisierung der potentiellen Eigenschaften. Nun besitzt aber das Ding keineswegs alle ermöglichten Eigenschaften, die ihm möglich sind. Niemals, weder in einem einzelnen Zeitpunkt noch in seiner ganzen Daseinszeit sind alle seine potentiellen Eigenschaften aktualisiert. Wohl trägt es in sich die Veränderungsgrundlage für alle an ihm möglichen Vorgänge. Aber solange die äußeren Anlässe fehlen, vollziehen sich auf dieser Grundlage nicht die entsprechenden Prozesse. Ja, alle möglichen Prozesse können sich gar nicht vollziehen, alle potentiellen Eigenschaften können sich gar nicht aktualisieren. Denn die Aktualisierung mancher potentiellen Eigenschaften macht die Aktualisierung anderer unmöglich. So kann etwa ein chemischer Körper verbrennen und in seinem Oxyd entweichen. Er kann aber auch durch ein Lösungsmittel, etwa eine Säure, aufgelöst und zersetzt werden. Beides sind potentielle (dingzerstörende) Eigenschaften. Aber wenn er durch Verbrennen zerstört wird, wird er es nicht durch Auflösung. Das ist uns selbstverständlich. Wir müssen uns aber auch den logischen Sinn dieser Selbstverständlichkeit bewußt machen. Für die beiden Vorgänge, die sich real ausschließen, liegen aber die Gesetze zusammen im Begriff des Dinges. Insofern als nur ein Teil der im Begriff zusammengeschlossenen Gesetze potentieller Eigenschaften in aktuellen Eigenschaften verwirklicht werden kann, sind die Dingbegriffe inhaltsreicher als die Dinge.[1])

Wie ist es nun möglich, daß diese sich real ausschließenden Möglichkeiten im Dingbegriff sich zusammenfinden? Die Folgegesetze geben — wie wir bereits erwähnten — nicht schlechthin an, was geschieht. Vielmehr bestimmen sie, was unter gewissen Bedingungen geschieht. Diese Beziehung der Kausalgesetze auf eine mögliche Bedingung bezeichnen wir als ihren „hypothetischen Charakter". Und dieser **hypothetische Charakter der Kausalgesetze** ermöglicht die Verbindung einander real ausschließender Möglichkeiten im Dingbegriff. Weil das Gesetz einer potentiellen Eigenschaft nur bestimmt, was unter bestimmten Bedingungen geschieht, läßt es offen, was unter einer anderen Bedingung zu geschehen hat. Deshalb können entgegengesetzte Bestimmungen im Dingbegriff verbunden sein.

Es ist nun zu fragen, auf welcher gesetzlichen Grundlage die potentiellen Eigenschaften untereinander verbunden sind. Da sie Verhaltungen von Veränderungsgrundlagen zu Außenfaktoren darstellen, können sie nicht

---

1) **Driesch** hat ein ähnliches Verhältnis wie das geschilderte im besonderen Falle der tierischen Keimzelle untersucht und erkannt: Es „enthält die prospektive Potenz eines Elementes mehr, als seine prospektive Bedeutung in einem bestimmten Falle erkennen läßt" (Phil. d. Org. I S. 77). D. h.: Im Begriff der Keimzelle sind mehr mögliche Eigenschaften gesetzt, als ermöglicht werden können.

untereinander kausal verbunden sein. Das schließt nicht aus, daß einzelne potentielle Eigenschaften die Veränderungsgrundlage für sekundäre potentielle Eigenschaften sein können. So besitzt eine Säure die potentielle Eigenschaft, in wässeriger Lösung zu ionisieren, d. h. sich in kleine elektrisch geladene Partikelchen aufzuteilen. Zu den potentiellen Eigenschaften der Ionen gehört aber die „Fähigkeit", den elektrischen Strom zu leiten, so daß letztere eine potentielle Eigenschaft von einer potentiellen Eigenschaft ist. Es ergeben sich also Schichten von potentiellen Eigenschaften. Und zwar ruht die Sekundärschicht auf der Primären durch Kausalgesetze: Wenn elektrischer Strom an die ionisierte Lösung kommt, wird er durch sie hindurchgeleitet. Von diesen sekundären potentiellen Eigenschaften können wiederum tertiäre Funktion sein.

Wenn auch keine folgegesetzliche Reihe aller potentiellen Eigenschaften besteht, so fragt es sich, ob sie nicht vielleicht durch einen zugleichgesetzlichen Ring verbunden sein können.

Man könnte hier versucht sein zu meinen: die möglichen Eigenschaften sind, wie wir oben sahen, alle im Begriff des Dinges gesetzt. Der Begriff enthält sie alle zugleich. Der Begriff sei also das Zugleichgesetz für alle möglichen Eigenschaften. Doch das wäre ein Irrtum. Wohl enthält der Begriff alle möglichen Eigenschaften zugleich. Aber dies „Zugleich" des Begriffs ist nicht das wörtliche Zugleich der Gleichzeitigkeit sondern das übertragene Zugleich der Zeitlosigkeit. Der Begriff enthält alle möglichen Eigenschaften ohne Zeitbestimmung, aber er setzt sie als ungleichzeitig. Die potentiellen Eigenschaften sind also durch kein Zugleichgesetz miteinander verkettet.

Aber hier ist ein Einwand möglich: Wir haben doch zwischen möglichen und ermöglichten Eigenschaften unterschieden. Daß die ermöglichten Eigenschaften nicht gleichzeitig sein können, das ist zwar zur Genüge klar geworden. Aber wie ist es denn mit den möglichen? Besteht die Möglichkeit zu den potentiellen Eigenschaften nicht gleichzeitig? Sind doch auch alle potentiellen Eigenschaften an demselben Ding?

Nun ist aber die mögliche Eigenschaft gar nicht eine reale, für sich feststellbare Eigenschaft in dem Sinne, wie andere Eigenschaftsarten feststellbar sind. Sie sind Eigenschaften der Eigenschafts-Beziehung. Sie bestimmen, welche reale Eigenschaften auf eine eben vorhandene reale Eigenschaft (oder einen Komplex von solchen) unter bestimmten Bedingungen folgen werden. Sie beruhen also auf diesen eben vorhandenen realen Eigenschaften. Was sie an Einheit besitzen, können sie also nur durch diese vorausgesetzten Eigenschaften besitzen.

Es wird also im Ding für die potentiellen Eigenschaften ein Komplex von Eigenschaften vorausgesetzt, der nicht mehr potentiell ist sondern permanent. So sind z. B. die Inhomogenität des Körpers, anziehende und abstoßende Kräfte zwischen seinen Molekülen permanente Eigenschaften, welche die potentiellen der Ausdehnung bei Erwärmung und Zusammenziehung bei Abkühlung ermöglichen. Diese permanenten oder konstanten Eigenschaften vermögen gleichmäßig für die verschiedensten Möglichkeiten des Verhaltens die Grundlagen abzugeben. Die Einheit der permanenten Eigenschaften bildet eine Einheitsgrundlage für die potentiellen Eigenschaften, soweit diese Einheit besitzen.

Wir sagten eben „eine Einheitsgrundlage", nicht „die Einheitsgrundlage". Denn es läßt sich noch eine zweite erkennen. Die Gesetze der potentiellen Eigenschaften eines Dinges bestimmen, wie sich dieses Ding unter den verschiedensten Einflüssen verhalten wird. Wir sahen eben, wie die Einheit dieses Dinges auch eine Einheitsgrundlage für die verschiedenen Reaktionen darstellt. Aber auch die mannigfachen möglichen Faktoren bilden miteinander einen Zusammenhang. So bilden z. B. manche zusammen eine Gruppe „die Säuren". Wie die äußeren möglichen Faktoren zu systematischen Gruppen zusammengeschlossen sind, so sind auch die möglichen Verhaltungen, d. h. die potentiellen Eigenschaften eines Körpers zu entsprechenden Gruppen zusammengeschlossen. Die möglichen Verhaltungen eines Körpers z. B. zu Säuren bilden eine Reihe wie die Säuren selber eine Reihe bilden. Die verschiedenen Gruppen äußerer Faktoren schließen sich nun wieder zusammen zu umfassenderen Gruppen bis hinauf zur Allheit möglicher äußerer Bedingungen. Dementsprechend schließen sich auch die potentiellen Eigenschaften zu einem Gesamt zusammen. Die Allheit möglicher äußerer Faktoren bildet die andere Einheitsgrundlage für die potentiellen Eigenschaften.

Diese Allheit möglicher äußerer Faktoren ist deutlich zu unterscheiden von der uneinheitlichen Mehrheit realer äußerer Faktoren, die auf ein Ding während dessen Daseinszeit einwirken. Von letzteren sprachen wir schon. Wir sagten, daß sie zwar dem einheitlichen Naturzusammenhang angehören, aber innerhalb dieses Naturzusammenhanges untereinander keine Einheit bilden. Nun sind sie aber Realisierungen aus jener Allheit möglicher Faktoren. In diesen haben sie eine systematische Einheitsgrundlage wie sie im Naturzusammenhang eine naturgeschichtliche Einheitsgrundlage besaßen. Aber in der Art, wie sie diese systematische Einheitsgrundlage realisieren, sind sie nicht einheitlich. Sie folgen nicht etwa in ihrem Einwirken so aufeinander, wie sie systematisch aufeinander folgen.

Die Untersuchung hat uns zu den permanenten Eigenschaften geführt, die nun einer Analyse bedürfen. Doch muß vorher noch ein Anderes deutlich sein. In jedem Ding sind in jedem Augenblick potentielle Eigenschaften aktualisiert, wenn es auch je nach den Umständen verschiedene sind. Es besteht also niemals ein Ding lediglich aus permanenten Eigenschaften. Das kann deshalb nicht sein, weil niemals ein Ding während seiner ganzen Dauer vollkommen isoliert sein kann gegen alle äußeren Anlässe für das Inkrafttreten potentieller Eigenschaften. Aber ein Grund für die Unmöglichkeit eines Dinges, das nur aus permanenten Eigenschaften bestünde, liegt auch im Ding selbst. Er liegt in dessen permanenten Eigenschaften selbst. Denn ein Teil von diesen könnte gar nicht sein ohne ermöglichte.

Wir begegnen hier einer neuen Art oder besser Unterart von Eigenschaften, welche zwischen den permanenten und den potentiellen eine Verbindung herstellt. Wir können sie als permanente offene Eigenschaften bezeichnen, dürfen auch wohl kurz von offenen Eigenschaften sprechen. Das Eisen hat ein Volumen. Jede Eisenmenge, wie groß oder wie klein sie auch sei, in welchem Aggregatzustand sie sich auch befinde, muß ein Volumen haben. Volumenbesitz ist also eine permanente Eigenschaft des Eisens. Aber diese Bestimmung läßt offen, welches Volumen es sei. D. h. das besondere Volumen des Eisens ist eine potentielle Eigenschaft. Nach den Gesetzen der potentiellen Eigenschaften ergibt sich, welches Volumen eine bestimmte Eisenmenge unter bestimmten Bedingungen besitzen muß. Nun ist aber nicht schlechthin „Volumbesitz" eine permanente Eigenschaft des Eisens, vielmehr ist „Besitz eines besonderen Volumens" permanent. Erst welches dies besondere sei, das ist potentiell. Damit ist aber gesagt, daß diese permanente Eigenschaft gar nicht an einem Realen bestehen kann, ohne daß die entsprechende potentielle Eigenschaft in einem bestimmten Einzelwert aktualisiert ist. Die permanenten offenen Eigenschaften fordern also, daß in jedem Ding in jedem Augenblick potentielle Eigenschaften ermöglicht sind.

Offenheit von permanenten Eigenschaften der dargestellten Art bedeutet also nicht Gesetzlosigkeit. Diese Offenheit bedeutet einmal eine solche gegenüber den einzelnen Werten. „Besonderes Volumen" ist permanente Eigenschaft des Eisens. Welchen Größenwert aber im Einzelfalle dies Volumen besitzt, das bleibt offen. Die verschiedenen Größenwerte bilden aber ein systematisches Ganzes durch den dreidimensionalen Raum vom kleinsten Wert zum größten. Eines der Glieder dieser kontinuierlichen Reihe vom kleinsten bis zum größten Volumen muß das Ding aus Eisen ausfüllen; aber welches im Einzelfall dies Glied ist, das wird von dieser Art permanenter Eigenschaft offen gelassen. Offenheit der permanenten Eigenschaft ist also erstens Offenheit gegenüber den Einzelgliedern eines bestimmten Ganzen.

Aber noch in anderer Richtung geht diese Offenheit. Es ist auch nicht festgesetzt, unter welchen Bedingungen das eine oder das andere der Einzelglieder realisiert wird. Wenn auch feststeht, daß jedes Eisenstück ein besonderes Volumen besitzen müsse, so ist damit noch nicht festgesetzt, unter welchen Bedingungen ein Stück etwa 10 ccm groß sein wird. Offenheit der permanenten Eigenschaft ist also zweitens Offenheit gegenüber den Bedingungen für das Eintreten der Einzelglieder jenes bestimmten Ganzen.

Nun kann auch noch deutlicher werden, inwiefern eine potentielle Eigenschaft auf einer offenen permanenten zu beruhen vermag und welche Leistung sie auf Grund dieser Offenheit vollbringt. Eine potentielle Eigenschaft, welche auf einer offenen permanenten beruht, verbindet die beiden Offenheitsbereiche der letzteren mit gesetzmäßiger Notwendigkeit. Jede Eisenmenge muß ein besonderes Volumen annehmen. Das ist eine permanente Eigenschaft des Eisens, welche die einzelnen Volumina und die Bedingungen für ihr Ausgefüllt-Werden noch unbestimmt läßt. Das Gesetz, das anordnet, in welchem Zahlenverhältnis ein Eisenvolumen Funktion von Molekülzahl, Temperatur, Druck ist, das ist ein Gesetz der potentiellen Eigenschaft, das die offen gelassenen Volumgrößen und die offen gelassenen Bedingungen für ihr Ausgefüllt-Werden einander gesetzmäßig zuordnet.

Bei dieser Erfüllung einer offenen permanenten Eigenschaft durch eine potentielle werden nun nicht etwa nur wechselnde äußere und innere Bedingungen vorausgesetzt wie Druck, Temperatur, Molekülzahl. Das Volumen des Eisenstücks ist außer diesen noch abhängig von der Molekülgröße und den Kräften, welche die Moleküle miteinander verbinden. Letztere Größen sind für alle Eisenstücke die gleichen. Sie sind permanent. Aber sie unterscheiden sich von den offenen permanenten Eigenschaften. Letztere waren allgemein und bedurften zu ihrer Realisierung eines Besonderen. Die Molekülgröße ist eine besondere und bedarf keines anderen Besonderen (in dem Sinne wie die offene Eigenschaft) zu seiner Realisierung. Wir bezeichnen sie deshalb als volle permanente Eigenschaft. Also verbinden die potentiellen Eigenschaften die beiden Offenheitsbereiche der offenen permanenten Eigenschaften mit auf Grund der vollen permanenten Eigenschaften.

Wir sagten schon, daß nicht alle möglichen Eigenschaften auf permanenten offenen beruhen. Ein Beispiel mag uns führen. Ein Atom Sauerstoff hat als potentielle Eigenschaft die Fähigkeit, zwei Atome Wasserstoff an sich zu binden. Diese potentielle Eigenschaft muß als Veränderungsgrundlage eine permanente besitzen. Diese permanente bezeichnet man damit, daß man sagt, das Sauerstoffatom besitze zwei Valenzen oder zwei Wertigkeiten. (Damit ist freilich noch nicht mehr als ein Problem bezeichnet. Denn es fragt sich, was denn diese Valenzen sind, ob sie etwa elektrische Größen oder andersartige Kräfte sind. Doch können wir hier diese Frage außer acht lassen.) Diese Valenzen besitzt nun das *O*-Atom immer, gleichgültig, ob diese Valenzen *H*-Atome an den Sauerstoff gebunden haben oder nicht. Die Wertigkeit des Atoms ist also eine permanente Eigenschaft. Aber während die offene permanente Eigenschaft an dem Ding nur existieren kann, wenn sie durch eine ermöglichte Eigenschaft erfüllt wird, kann die Wertigkeit an dem Atom bestehen, ohne daß sie — wie man sagt — gesättigt ist. Während die offene permanente Eigenschaft zu möglichen im Verhältnis des Allgemeinen zum Besonderen steht, steht die Wertigkeit zur Sättigung der Wertigkeit im Verhältnis eines Besonderen zu einem anderen es erweiternden Besonderen. Wir nennen deshalb Eigenschaften von der Art der Wertigkeit des Atoms e r w e i t e r b a r e v o l l e   p e r m a n e n t e   E i g e n s c h a f t e n.[1]) „Voll", das heißt: nicht mehr offen gegen Besonderungen, sondern selbst besondert.

Entsprechend diesen beiden Gruppen von ermöglichenden permanenten Eigenschaften kann man auch die durch sie ermöglichten Eigenschaften in zwei Gruppen einteilen. Man kann e r w e i t e r n d e   u n d   e r f ü l l e n d e p o t e n t i e l l e   E i g e n s c h a f t e n unterscheiden. Bei Dingen, in welchen die erweiterbare Eigenschaft auch faktisch erweitert ist, besteht die Möglichkeit, diese Erweiterung zu verlieren, wie die Wasserstoffatome wieder von den Sauerstoffatomen getrennt werden können. Denn die erweiterbare Eigenschaft verlangt nicht das ständige Dasein der Erweiterung. Wir sprechen in diesem Falle von einer v e r e n g e r n d e n p o t e n t i e l l e n E i g e n - s c h a f t.

Die Eigenschaftsanalyse hat uns zu den permanenten Eigenschaften geführt, denen nun das Interesse zu gelten hat. Die permanenten Eigenschaften hängen aufs engste zusammen mit der Struktur des Dinges. So können wir die Probleme jener nicht lösen, wenn wir diese nicht kennen. So mündet die Eigenschaftslehre in die Strukturlehre des Dinges, von der sie weitergeführt werden muß. In der Strukturlehre gebrauchen wir aber beständig den Begriff der Elemente der Struktur. Die elementaren Bausteine dinglicher Strukturen sind aber die „Atome". So stehen wir vor der Frage nach Gesetz und Eigenschaft im Atom.

---

1) Unser Beispiel für die erweiterbare volle permanente Eigenschaft enthält insofern eine Ungenauigkeit, als nicht der Valenzwechsel beachtet ist. Solange aber das Valenzproblem chemisch noch nicht gelöst ist, mag unser Beispiel mit diesem einschränkenden Hinweis brauchbar sein.

IV. DIE ATOME

Das Atom hat für unseren Gedankenkreis von zwei Richtungen her besonderes und grundlegendes Interesse. Einerseits führen die Kausalgesetze und in ihnen die Beziehungen zwischen permanenten und potentiellen Eigenschaften auf sie zurück. Denn sie müssen ja der Ort der fundamentalen permanenten Eigenschaften sein. Andererseits weisen uns die Zugleichgesetze und die gleichzeitigen Eigenschaften auf sie hin als den Ort des fundamentalen zugleichgesetzlichen Gefüges.

Ehe wir diese beiden Richtungen verfolgen können, müssen wir erst in dem, was das Wort „Atom" meint, einige klärende Unterscheidungen vornehmen.

Das Wort „Atom" hat in der heutigen Chemie zwei verschiedene Bedeutungen, die wir auseinanderhalten müssen. Einmal bezeichnet „Atom" die letzten Bestandteile dessen, was im Raume ist. Sie sind erstens unteilbar und unzusammengesetzt. Sie sind zweitens in der Vielzahl vorhanden, um die Körper aufbauen zu können, die ja viel größer sind als ein Atom. Sie sind drittens diskrete Einheiten. Dies mag zur vorläufigen Charakteristik dienen und muß im folgenden noch ausführlich erörtert werden. In diesem Sinne des Wortes spricht man heute von Atomen der Elektrizität, d. h. letzten, unzusammengesetzten elektrischen Einheiten: den negativen Elektronen und den positiven Protonen.

Zweitens bezeichnet heute das Wort „Atom" relativ komplizierte Bestandteile dessen, was im Raum ist. Sie besitzen einen Atomkern und Elektronen, die um den Atomkern kreisen. Dabei ist der Atomkern selbst noch einmal zusammengesetzt. Daß diese reichstrukturierten Gebilde „Atome" heißen, rührt daher, daß man einst von dieser Struktur nichts wußte und deshalb diese Gebilde für unteilbare, diskrete Einheiten hielt. Ihren Namen haben sie dann behalten, als er nach unserem Wissen gar nicht mehr sachlich für sie paßte. Wir müssen im folgenden immer klar unterscheiden, in welchem Sinne „Atome" in Rede stehen. Wenn wir künftig von „Atom" sprechen, werden wir an seine erste Bedeutung des nicht mehr zusammengesetzten Bausteins des Zusammengesetzten denken. Wenn die zweite Bedeutung gemeint ist, werden wir entweder „chemische Atome" sagen oder der Sinn wird auf andere Weise aus dem Zusammenhang deutlich sein.

Wir müssen aber noch weitere Unterscheidungen vornehmen. Wir haben eine Vorstellung davon, wie etwas beschaffen sein müsse, damit wir es Atom nennen dürfen. Wir müssen dabei unterscheiden den Inbegriff dieser Beschaffenheiten, welche einen Gegenstand zum Atom machen, und unsere „Vorstellungen" von diesem Inbegriff der Beschaffenheiten. Wir nennen den Inbegriff von Bestimmungen, denen ein Gegenstand genügen muß, um Atom heißen zu dürfen, den Begriff des Atoms. Wir unterscheiden davon „unsere Vorstellungen vom Atom". Beide müssen unterschieden sein. Es gibt nur einen Begriff des Atoms. Aber es gibt viele Vorstellungen vom Atom. Jeder Mensch, der über das Atom nachdenkt, macht sich eine Vorstellung vom Atom; so viel Menschen, die darüber nachdenken, so viel Vorstellungen vom Atom. Aber alle diese Menschen wollen dasselbe erkennen, alle sind in ihrem Denken auf dasselbe gerichtet. Der eine Begriff des Atoms ist also das Erkenntnisziel aller Vorstellungen vom Atom. Unsere Vorstellung des Atoms kann unvollständig sein; dann suchen wir herauszuarbeiten, was noch alles zum Begriff des Atoms gehört. Es genügt hier zu sehen, daß der Begriff des Atoms und unsere Vorstellungen vom Atom zueinander im Verhältnis von Erkenntnisziel und Erkenntnisversuch, von Einheit und Vielheit stehen; damit sollen freilich noch nicht alle Unterschiede entwickelt sein.

Aber es sind noch weitere Unterscheidungen nötig. Da sind nun die vielen Elektronen und Protonen oder, wenn wir an die vormoderne Atomlehre denken, die vielen Quecksilberatome, die vielen Sauerstoffatome usw. Sie sind offenbar etwas anderes als unsere Vorstellungen vom Atom und auch etwas anderes als der Begriff des Atoms. Nicht immer ist das in der philosophischen Literatur auseinander gehalten worden. Das Quecksilberatom hat sein Atomgewicht, das Elektron seine Ladung. Aber kann ein Begriff ein Gewicht oder eine Ladung besitzen! Das Elektron bewegt sich durch den Raum. Aber kann sich ein Begriff durch den Raum bewegen! Das genügt wohl um zu zeigen: diese Atome sind keine Begriffe. Sie sind vielmehr empirische Realitäten. Wir bezeichnen sie im Gegensatz zu den Begriffen als Atomdinge. Von diesen Atomdingen gilt der Satz Plancks (Rundbl. S. 32): „Die Atome, so wenig wir von ihren näheren Eigenschaften wissen, sind nicht mehr und nicht weniger real als die Himmelskörper oder als die uns umgebenden irdischen Objekte."[1]

Die Atomdinge sind unterschieden vom Begriff des Atoms. Der Atombegriff ist einer, der Atomdinge gibt es zahllose. Die Atomdinge gehören der raumzeitlichen Welt an und tragen die Bestimmungen dieser Welt, empfangen Energie, bewegen sich in der Zeit durch den Raum usw. Der Atombegriff gehört nicht der raumzeitlichen Welt an, bewegt sich nicht durch den Raum, sendet keine Schwingungen aus usw. Der Atombegriff gehört vielmehr der eigentümlichen Sphäre an, die wir im Anschluß an Lotze als Geltung bezeichnen und die wir nach den ausführlichen Darstellungen

---

1) Zur Vertiefung in den „Seinswert" des Atomdings vgl. Hönigswalds Aufsatz „Zum Begriff des Atoms".

bei **Windelband, Rickert, Bauch, Lask** u. a. hier nur zu nennen brauchen.

Aber nicht nur unterschieden sind Atomdinge und Begriff des Atoms. Sie sind zugleich aufs engste bezogen. Der Begriff des Atoms gilt ja von den Atomdingen und für sie. Das, was der Begriff des Atoms in sich enthält, ist ja an den Atomdingen. Ja, es ist nicht bloß an ihnen. Es ist vielmehr das, was sie zu Atomdingen macht. Sie beruhen also als Atomdinge auf dem Begriff des Atoms (nicht aber auf unserer Vorstellung vom Atom). Der Begriff des Atoms ist die Voraussetzung, die Möglichkeitsbedingung der Atomdinge.

Wie die Atomdinge unterschieden sind vom Begriff des Atoms und zugleich auf ihn bezogen, so stehen sie in beiden Verhältnisformen auch zu unseren Vorstellungen vom Atom. Nur werden diese beiden Formen auf andere Weise erfüllt. Unsere Atomvorstellungen und die Atomdinge sind unterschieden. Zwar gibt es von beiden zahlreiche. Aber diese Zahlen stehen in keinen Beziehungen zueinander. Die Anzahl unserer menschlichen Atomvorstellungen hat nichts zu tun mit der Anzahl der Atome, aus der die Natur aufgebaut ist. Weiter gehören unsere Vorstellungen vom Atom in die Sphäre des Psychischen mit der eigentümlichen Qualität der Bewußtheit. Die Atome aber gehören dem physischen Bereich an.

Aber auch bezogen sind beide. Die Atomdinge sind fundiert durch den Begriff des Atoms. Unsere Vorstellungen vom Atom richten sich aber auch nach dem Begriff des Atoms. Da können wir erstens auf Grund unserer Vorstellung vom Atom und ihres Wissens vom Begriff des Atoms feststellen, daß diese Dinge von uns unabhängig durch die Momente, welche zum Begriff des Atoms gehören, bestimmt werden, daß sie also Atome „sind". Aber noch eine zweite Beziehung kann bestehen. Wir sagten schon, daß unsere Vorstellungen vom Atom unvollständig sein können. Wenn aber jene für Atomdinge gehaltenen Gegenstände das wirklich sind, dann sind sie durch den Begriff des Atoms in seinem ganzen Umfange bestimmt. Also auch die Momente vom Begriff des Atoms, die wir noch nicht eingesehen haben, sind als Bedingungen in jenen Atomdingen. So können uns letztere darauf bringen, unsere Vorstellungen vom Atom zu erweitern.

Nun liegt aber zwischen dem Begriff des Atoms und den Atomdingen, wie auch zwischen unseren Vorstellungen vom Atom und den Atomdingen noch eine weitere Begriffsschicht. Nach der einen Seite sind es die Begriffe der besonderen Atomdingarten. Heute müssen wir ihrer zwei angeben: die Elektronen und die Protonen. Früher hätte man Quecksilberatome, Sauerstoffatome usw. nennen müssen.

Die Begriffe der besonderen Atomdingarten müssen in ihrem Verhältnis zu dem Begriff des Atoms erkannt werden. Der Begriff ist einer. Der Begriffe besonderer Arten von ihm gibt es nach unserem heutigen Wissen zwei, nach der früheren Chemie über achtzig. Beide aber sind Begriffe und gelten. Aber die letzteren enthalten empirische Bestimmungen in sich. Nun sind aber die Begriffe der besonderen Atomdingarten nur deshalb, weil sie die Bestimmungen des Begriffs des Atoms in sich enthalten. Sie sind also gegründet auf den Begriff des Atoms.

Die Begriffe der besonderen Atomdingarten müssen auch in ihrem Verhältnis zu den Atomdingen erkannt werden. Erstere gehören dem Reich der Geltung an als Begriffe. Letztere existieren, wie wir sahen, in der empirischen Realität. Nun ist ein Gegenstand dann ein Atomding einer bestimmten Art etwa (nach alter Auffassung) ein Quecksilberatom, wenn er alle „Eigenschaften" des Quecksilberatoms besitzt. Der Inbegriff dieser Eigenschaften ist aber der Begriff des Quecksilberatoms, also einer der Begriffe der besonderen Atomdingarten. Nur durch diese Voraussetzungen wird es zu dem, was es ist. Die Begriffe der Atomdingarten sind also Voraussetzungen der Atomdinge. Während es von einer Atomdingart zahlreiche Atomdinge gibt, so besteht nur ein Begriff dieser Atomdingart.

Dieselben Unterschiede und Beziehungen, die zwischen dem Begriff des Atoms und unseren Vorstellungen vom Atom hin und her gingen, walten nun auch zwischen den Begriffen der besonderen Atomdingarten und unseren Vorstellungen von den besonderen Atomdingarten. Jedem einzelnen der „Begriffe der" entsprechen zahlreiche „Vorstellungen von". Die „Begriffe der" sind Ziele unseres Erkennens, die „Vorstellungen von" sind Versuche dieses Erkennens.

Aber noch eine Unterscheidung ist für das folgende notwendig. Man hat zuerst die „chemischen Atome" für wahrhafte Atomdinge gehalten. Nachher hat sich ihre Zusammengesetztheit gezeigt. Nun hält man die Elektronen und Protonen für die „Atome". Aber schon ist es eine Frage, ob nicht auch sie zusammengesetzt sind. Wir müssen also unterscheiden: die wahrhaften Atomdinge und das, was in einer bestimmten Wissenschaftsperiode dafür gehalten wird und ihre Rolle spielt. Wir müssen unterscheiden die Atomdinge und die Vertreter der Atomdinge.

Unsere Aufgabe ist es in diesem Abschnitt, die Atomlehre in Beziehung zu setzen zu unserer Lehre von den Eigenschaftsarten und Gesetzesarten. Wir haben zu fragen, welche Arten von Eigenschaften an der Bestimmung des Atoms beteiligt sind, wie diese Arten hier miteinander verbunden sind, auf welchen Gesetzesarten sie und ihre Verbindungen beruhen.

Wir hatten im vorigen Kapitel zuletzt zwischen permanenten und potentiellen Eigenschaften unterschieden. Die potentiellen führen in ihrer Realisierung zu den erhaltenen. Die permanenten sind eigenwüchsig.

Das Atom muß sowohl eigenwüchsige als auch durch Relation erhaltene

Eigenschaften besitzen. Für die Notwendigkeit erhaltener Eigenschaften gilt der Grund, den wir früher schon allgemein für die Notwendigkeit erhaltener Eigenschaften anführten: das Atom ist Glied des allumfassenden Naturzusammenhanges und muß nach bestimmten Seiten dessen Spuren an sich tragen.

Im Gebiet der eigenwüchsigen, permanenten Eigenschaften müssen wir nun aber eine Schichtung anerkennen. Denken wir an die ersten Erörterungen über die Eigenschaften des Dinges im ersten Kapitel zurück. Damals erwiesen sich die Eigenschaften des Dinges als relativ, sei es als objektbezogen relativ, sei es als subjektbezogen relativ. Wenn die Eigenschaften einer Relation ihre Bestimmtheit verdanken, so sind sie doch erhalten? Gibt es dann überhaupt eigenwüchsige Eigenschaften? In der Tat muß es solche eigenwüchsigen Eigenschaften geben, die allen Relationen als Voraussetzungen logisch vorausgehen. Wir wollen sie aus noch zu erörterndem Grunde als eigenwüchsige Voreigenschaften bezeichnen.

Die eigenwüchsigen Voreigenschaften können nicht Gegenstand der Naturforschung sein. Diese muß bei dem stehen bleiben, was noch einer exakten Forschung zugänglich ist. Was vor aller erhaltenen Bestimmung, also auch vor aller Relation liegt, das geht als solches weder in ihre Maßsysteme ein, noch ist es mit irgendwelchen Sinnen und Hilfsmitteln dieser Sinne wahrnehmbar. Deshalb reden wir hier nicht von Eigenschaften, sondern von Voreigenschaften.

Was so nicht Gegenstand exakter Naturforschung ist, das kann dennoch Problem einer transzendentalen Logik sein. Eine Logik, welche nach den in der Wissenschaft vorausgesetzten Bedingungen fragt, kann auch untersuchen, ob das, was nicht Gegenstand dieser Wissenschaft ist, dennoch Voraussetzung von Gegenständen dieser Wissenschaft sei. So ist nun unsere Frage: Werden von der Naturwissenschaft, auch wenn sie von den durch Relation erhaltenen Eigenschaften der Atome ausgeht, dennoch nicht eigenwüchsige Voreigenschaften der Atome vorausgesetzt? Wir haben früher erkannt, wie das, was ein Naturgegenstand durch einen anderen erleidet, nicht nur von diesem anderen abhängt, sondern auch von dem Naturgegenstand selbst, von der ihm eigenen Art zu reagieren; die erhaltenen Eigenschaften hängen also auch ab von den eigenwüchsigen. Unsere Frage läßt sich also präzisieren: Setzt die Naturforschung in den durch Relation erhaltenen Eigenschaften der Atome nicht eigenwüchsige voraus? Man könnte diese Frage schon durch den Hinweis auf das allgemeine Prinzip der Abhängigkeit der erhaltenen Eigenschaften von den eigenwüchsigen bejahen. Diese Bejahung soll aber noch im besonderen verdeutlicht werden.

Hätte das Atom lediglich erhaltene Eigenschaften und keine eigenwüchsigen, so würde es erst durch Relation entstehen. Ohne diese Relation wäre es ein Nichts. Stellen wir uns nun vor, daß zwei Atome dadurch feststellbare Bestimmungen erhalten, daß sie zueinander in Beziehung treten. Wenn sie beide Nichtse wären, dann bestünde in ihnen auch kein Grund, weshalb aus ihnen etwas werden sollte, ja weshalb sie überhaupt in Beziehung treten sollten. Als Nichtse blieben sie Nichtse, und man könnte mit Fug überhaupt nicht von ihnen reden. Es bestünde weiter kein Grund, weshalb sie sich so und nicht anders in der Relation verhalten. Es wäre nicht einzusehen, weshalb ein Atom sich nicht einmal nach diesem Gesetz zu einem bestimmten Faktor verhalten sollte, ein andermal ein ganz anderes Gesetz in seinem Verhalten zu dem gleichen Faktor befolgen sollte. Jedes Gesetz setzt zwei oder mehr Glieder zueinander in Beziehung. Diese Glieder sind dabei vorausgesetzt und sie müssen irgendwie bestimmte sein, um durch ein bestimmtes Gesetz in weitere bestimmte Beziehungen zu gelangen. In den erhaltenen Eigenschaften der Atome sind also eigenwüchsige Voreigenschaften vorausgesetzt, damit es überhaupt zur Relation kommt, welche die erhaltenen Eigenschaften ergibt, damit diese Konstanz und Gesetzmäßigkeit erlangen.

Freilich kann die transzendentale Logik in diesen eigenwüchsigen Voreigenschaften auch nicht mehr sehen als eben eine der Möglichkeitsbedingungen der erhaltenen und feststellbaren. Machte bei diesen die Naturforschung Halt als den letzten ihr zugängigen, so macht bei jenen die Logik Halt. Die eigenwüchsigen Voreigenschaften sind Möglichkeitsbedingungen der erhaltenen. Sie sind ermöglichende, und nur ermöglichende Eigenschaften. Man könnte versucht sein, hier zu unterscheiden, was eine solche ermöglichende Eigenschaft an sich unabhängig von dieser ermöglichenden Leistung ist. Diese Unterscheidung hier machen, das hieße den festen Boden der im Zusammenhang mit den Naturwissenschaften arbeitenden Logik verlassen. Was jene ermöglichenden Atomeigenschaften unabhängig von dieser Ermöglichung der Natur und der Naturwissenschaft sein sollen, das ist ganz unerfindlich. Sie sind nur in dieser Ermöglichung. Die eigenwüchsigen Voreigenschaften sind in den Relationen, welche die erhaltenen Eigenschaften bestimmen, als Voraussetzungen.

Diese Unerfragbarkeit der permanenten Voreigenschaften gilt prinzipiell. Damit ist aber nicht gesagt, daß die Wissenschaft je an den Grenzen dieses Unerforschlichen steht. Sie braucht bei den letzten grundlegenden Eigenschaften, die sie jeweils kennt, nicht stehen zu bleiben und zu sagen: Hier hat es keinen Sinn mehr weiter zu fragen. Sie wird, solange sie Forschung ist, jene Eigenschaften, die an ihren Grenzen liegen, als relativ zu erkennen trachten und dem ihnen zugrunde Lagernden nachspüren. Damit sehen wir eine zweite Bedeutung der permanenten Voreigenschaften. Sie sind nicht nur in den erkannten oder noch erkennbaren relativen, d. h. erhaltenen Eigenschaften als Voraussetzungen enthalten. Auch sind die permanenten Voreigenschaften Idee für die Forschung, im Unendlichen liegende Ziele des Weiterschreitens. Auf sie beziehen sich die Gedanken, die Max Planck in seiner Vorlesung „Vom Relativen zum Absoluten" entwickelt hat. Uns interessiert hier besonders sein Beispiel vom Atomgewicht. Man kannte zunächst das Äquivalentgewicht eines Elementes in bezug auf einen anderen Stoff, d. h. das Gewichtsverhältnis (oder die Gewichtsverhältnisse), in dem er sich mit dem anderen Element verbindet. Das ist gewiß eine relative Eigenschaft. Aber diese relative Eigenschaft ist ja nicht nur von dem Bezugsstoff abhängig, sondern auch von dem Element selbst. Fragt man nun, inwiefern diese relative Eigenschaft von dem Element selbst abhängig sei, welchen Beitrag das Element selbst zu der relativen Eigenschaft liefere, befindet man sich auf dem Weg zu den Voreigenschaften. Man beschritt diesen Weg, als man das Äquivalentgewicht atomtheoretisch deutete und es in seiner Abhängigkeit vom Atomgewicht erklärte. Damit war es gelungen, die für den vorherigen Zustand der Wissenschaft letzte Eigenschaft „abzulösen von der Frage nach den Verbindungen, welche das Element mit anderen Elementen eingehen kann". Es war gelungen, den in der relativen Eigenschaft des Äquivalentgewichts enthaltenen und vorausgesetzten eigenwüchsigen Anteil des Elements aus der Relation zu isolieren. Man war auf dem Weg zu den permanenten Voreigenschaften ein Stück weiter gekommen, aber man hatte sie keineswegs erreicht. Man sah sich wieder einem Relativen also Erhaltenen gegenüber. Denn man fand zunächst nur das relative Atomgewicht, d. h. das Gewichtsverhältnis, in dem ein Atom eines bestimmten Elements zu einem Atom eines anderen Elements steht. Auch hier gilt wieder, daß die Relation einen nicht relativen Anteil des Relationsgliedes als Voraussetzung in sich enthält. Es galt diesen zu isolieren, d. h. das „absolute" Atomgewicht zu finden. Aber auch die Messung des absoluten Atomgewichts erweist sich als relativ. Einmal ist sie und ihr Ergebnis abhängig von den Maßmethoden. Dann wurde das chemische Atom als zusammengesetzt und damit sein Gewicht als Relationsergebnis seiner Bestandteile erkannt. So wurde eine neue Etappe auf dem Weg zu den eigenwüchsigen Voreigenschaften gefordert. Jede vermeintliche vorrelative Eigenschaft erweist sich also als relativ, aber jede Etappe auf diesem Weg ist ein Schritt auf das Vorrelative hin, das schon immer als der verkappte Führer auf diesem Weg gegenwärtig ist.

Die ermöglichenden Voreigenschaften der Atome sind wirklich. Wohl sind sie begrifflich und logisch begründet. Was wir über Atombegriff und Atomding sagten, das gilt entsprechend auch hier. Wohl ruht die Atomeigenschaft auf dem Begriff der Atomeigenschaft, aber sie ist darum nicht selbst ein Begriff. Das Wirkliche ist demnach gegliedert in ermöglichendes Wirkliches und ermöglichtes Wirkliches. Ermöglichendes Wirkliches sind die eigenwüchsigen Eigenschaften der Atome. Da die Atome die Ansatzpunkte für alle Beziehungen der Natur sind, so erstreckt sich die Leistung dieses Ermöglichenden auch auf die ganze Natur. Die Natur hat demnach in zwei Richtungen Möglichkeitbedingungen. Sie hat als Voraussetzung ermöglichendes Geltendes und ermöglichendes Wirkliches. Ermöglichendes Geltendes sind alle die logischen Voraussetzungen der Natur einschließlich des Atombegriffs und des Begriffs der Atomeigenschaft. Ermöglichendes Wirkliches sind die eigenwüchsigen Voreigenschaften der Atome. Aber das ermöglichende Wirkliche beruht auf dem ermöglichenden Geltenden. Denn die eigenwüchsigen Atom-Voreigenschaften beruhen auf ihrem geltenden Begriff. Deshalb konnten wir ja ihre Notwendigkeit als Voraussetzung der erhaltenen zeigen.

Es erhellt hier auch, in welchem Sinne man eine ermöglichende Voreigenschaft absolut nennen darf und in welchem Sinne das nicht erlaubt ist. Sie ist als „Voreigenschaft", als „seiend", als „Bedingung von Relationen" gegründet auf das Logische. Sie ist also dem Logischen gegenüber abhängig. Aber sie ist in sich unabhängig von dem Naturgeschehen, das sie umschwingt, und mit dem sie als Konstante Beziehungen eingeht. Diesem umgebenden Naturgeschehen gegenüber ist sie absolut. Nur in diesem Sinne läßt sich mit Planck (Vom Relativ, S. 21) sagen: „So knüpft jedes Relative im letzten Grunde an etwas selbständiges Absolutes an."

Im strengen Sinne ist also keine der am Atom feststellbaren Eigenschaften eigenwüchsig. Im strengen Sinne sind alle, deren Sosein sich feststellen läßt, durch Relationen erhalten. Innerhalb dieser im strengen Sinne erhaltenen Eigenschaften läßt sich aber nun eine Gliederung erkennen. Es gibt Eigenschaften, welche wir dem Atom als dauernde Eigenschaften zuschreiben, in welcher Weltkonstellation es sich auch befinde. Eine solche konstante Eigenschaft mag etwa — nach unserem heutigen Wissen — die elektrische Ladung des Elektrons sein. Ihnen gegenüber stehen Eigenschaften, die nur unter bestimmten Bedingungen eintreten, wie z. B. das Angezogenwerden des Elektrons durch positive Elektrizität (nicht bloß die „Fähigkeit" dazu). Der ersten Gruppe gegenüber ist die zweite Gruppe erhalten, relativ. Demnach ist die erste Gruppe der zweiten gegenüber eigenwüchsig, mag sie auch selbst den Voreigenschaften gegenüber erhalten sein. Deshalb können wir in einem weniger strengen, aber dennoch berechtigten Sinne die erste Gruppe als die der eigenwüchsigen Atomeigenschaften bezeichnen. Sie sind es auch, welche die Forschung auf dem Wege zu den eigenwüchsigen Voreigenschaften findet. Denn die noch nicht erkannten aber prinzipiell erkennbaren eigenwüchsigen Eigenschaften liegen auf dem Wege zu den noch nicht erkannten und prinzipiell unerkennbaren Voreigenschaften. Sie sind also die jeweiligen Vertreter der eigenwüchsigen Voreigenschaften.

In dieser Stellung als Vertreter und solange sie als Vertreter anerkannt werden können, müssen sie die Konstanz der möglichen Eigenschaften garantieren, sie müssen ermöglichen z. B., daß ein Elektron, das von positiver Elektrizität einmal angezogen wird, nicht unter gleichen Bedingungen ein andermal abgestoßen wird. Sie ermöglichen den Zusammenhang der zu verschiedenen Zeiten an verschiedenen Orten aktualisierten Eigenschaften. Als Bedingungen der Konstanz müssen sie selber konstant sein, permanent. Die eigenwüchsigen Atomeigenschaften sind permanent.

Wir fragen nun, wie das Verhältnis der permanenten, eigenwüchsigen, ermöglichenden Eigenschaft zu der erhaltenen, ermöglichten oder möglichen gesetzlich konstituiert sei. Früher erkannten wir die Kausalgesetze als Brücke zwischen beiden. Und zwar verhielt sich das so: Die Ursachen stehen zueinander in Relation, damit sie zueinander in Wirkung treten können. Für diese Relation zwischen den Ursachen (nicht nur für die Relation zwischen Ursachen und Wirkung) gilt nun auch, daß die Beziehungsglieder eine gemeinsame Basis als Grundlage ihrer Beziehung besitzen müssen. An dieser gemeinsamen Basis erkennt man, weshalb die Ursachen sich zu einer Kausalfunktion vereinigen können und weshalb sie gerade diese Wirkung erzeugen.

Nur teilweise damit übereinstimmend ist die logische Situation bei dem Verhältnis der eigenwüchsigen und erhaltenen Eigenschaften der Atome. Wenn ein negatives Atom der Elektrizität in die Nähe positiver Elektrizität kommt, wird es angezogen. Negatives Elektron und positive Elektrizität sind die beiden Kausalfaktoren, welche die Anziehung verursachen. Insofern kann hier von einem kausalgesetzlichen Verhältnis geredet werden. Fragen wir aber nach der Basis, welche negativem Elektron und positiver Elektrizität gemeinsam ist, so ergibt sich ein Unterschied zu dem seither Bekannten. Zwar sind beide Elektrizität, stehen beide auch unter den anderen Gesetzen, welche zum Wesen der Elektrizität gehören. Insofern könnte man meinen, daß sie auch die Basis für die Relation zwischen den kausalen Faktoren darstelle. Aber die Basis soll nicht nur ein Gemeinsames sein für die Relata. Von ihr aus soll auch der Unterschied zwischen den Gliedern und das Eintreten der Wirkung verständlich werden. Das aber ist hier nicht möglich. Aus den übrigen Gesetzen der Elektrizität ist weder erklärlich, daß es überhaupt diese Polarität in der Elektrizität gibt, noch daß die beiden Arten sich anziehen. Hier ist also keine Basis mehr da (immer für unsere heutige Grenze des Erkennens), welche das Zusammentreten der Faktoren und das Entstehen der Wirkung verständlich macht.

Hier ist wichtig, sich noch einmal zu besinnen, was wir früher über Atomding und Vertreter des Atomdings sagten. Das, was man für ein Atomding hält, kann sich nach einiger Zeit als zusammengesetzt erweisen. Es ist also in Wahrheit kein Atomding; es war nur während einer Periode in der Geschichte der Wissenschaft Vertreter des Atomdings. Solange es Vertreter des Atomdings war, mußten ihm die Bestimmungen zugesprochen werden, welche zum Atombegriff gehören. Das gilt auch für das eben Bemerkte. Setzen wir den Fall, daß sich die Elektronen, in denen wir heute die Atomdinge sehen, einmal als zusammengesetzte erweisen und daß sich die beiden Elektrizitätsarten und ihre Anziehung auf fundamentaleres zurückführen lassen. Dann würden sie unter den vollen Kausalgesetzen stehen, die wir früher charakterisiert haben. Aber, was wir von den Atomdingen sagten, das würde entsprechend von den nun entdeckten Bausteinen der Elektronen gelten.

Wir wollen deshalb die Sachlage noch einmal allgemein und ohne Beziehung auf das Beispiel der Elektronen ausdrücken. Bei der vollen Kausalität ist es so: Wenn a und b zusammenkommen, bewirken sie c. Sie können zusammenkommen und c bewirken, weil sie ein gemeinsames g besitzen, auf das sie zurückgeführt werden können und das die Wirkung erklärt. Ein Atom kann aber als Atom nicht auf ein anderes zurückgeführt werden, es fehlt also ein g, das es gemeinsam mit einem anderen Faktor haben könnte.

Wenn das Elektron also wirklich ein Atomding wäre, gäbe es keine Antwort auf die Frage, weshalb es gerade von positiver Elektrizität angezogen wird. Es ließe sich nicht angeben, was in ihm vorgeht, wenn diese Anziehung erfolgt, wie aus den dauernden Eigenschaften plötzlich das neue Verhalten hervorgeht. Das heißt aber in unserer logischen Ausdrucksweise: Es läßt sich nicht angeben, wie sich der Übergang von den permanenten, eigenwüchsigen Eigenschaften zu den erhaltenen, von ihnen ermöglichten vollzieht.

Die Gesetze, welche bestimmen, wie sich ein Atom unter bestimmten Bedingungen verhalte, unterscheiden sich von den früher entwickelten dadurch, daß keine Basis für die Relation zwischen ihren Kausalfaktoren angegeben werden kann. Jene früher entwickelten Kausalgesetze nannten wir, weil diese Angabe bei ihnen prinzipiell möglich ist, schon einigemal „volle“. Es stehen aber die nunmehr dargestellten Kausalgesetze zu den vollen in enger Beziehung. Auf den Atomen als den „Bausteinen“ sollen ja die zusammengesetzten Dinge beruhen. Aus ihren Gesetzen sollen ja —

immer unter Beachtung der kontinuierlichen Produktivität im Logischen — die Gesetze der zusammengesetzten Körper abgeleitet werden. Damit ist aber gesagt: die nun erkannten nichtvollen Kausalgesetze sind Grundlage und Voraussetzung der vollen Kausalgesetze. Sie sind deshalb zu bezeichnen als die kausalen Grundgesetze.

Die kausalen Grundgesetze sind Voraussetzungen der vollen Kausalgesetze. Sie bestimmen den Übergang von den permanenten zu den erhaltenen Eigenschaften der Atome. Die kausalen Grundgesetze sind insofern empirisch, als sie — wie das Beispiel der Anziehung ungleichartiger Elektrizität zeigt — durch Erfahrung gefunden werden müssen. Dies haben sie auch mit den vollen Kausalgesetzen gemein. Mit Axiomen haben sie gemein, daß sie auf keine fundamentaleren Naturgesetze zurückgeführt werden können.

Nun läßt sich niemals feststellen, daß Kausalgesetze, welche man nicht mehr auf fundamentalere Gesetze zurückführen kann, auch wirklich kausale Grundgesetze sind. Wir können etwa eben die Gesetze der Anziehung ungleichartiger und der Abstoßung gleichartiger Elektrizität nicht auf fundamentalere Gesetze zurückführen. Dennoch muß offen bleiben, ob nicht einmal die Ableitung gelingt.

Aber notwendig ist, daß jeweils in der Geschichte unserer menschlichen Wissenschaft bestimmte Gesetze die Stelle kausaler Grundgesetze einnehmen müssen. Denn immer trifft die Wissenschaft an ihrer jeweiligen Grenze auf Kausalgesetze, deren Relationsgefüge nicht auf Fundamentaleres zurückgeführt werden kann, noch nicht zurückgeführt werden kann. Aber mit der Entwicklung der Wissenschaft verschiebt sich diese Grenze, und es wechseln dementsprechend die Vertreter der kausalen Grundgesetze. Solange man z. B. noch nicht die Zusammengesetztheit chemischer Atome kannte, mußte man die Gesetze der Anziehung zwischen den Atomen, welche die Moleküle aufbauen, als kausale Grundgesetze behandeln (wenn man auch nicht diesen Terminus kannte und wenn man auch vermutete, daß eine Ableitung von grundlegenderen Gesetzen einmal gelingen werde). Sobald es glücken sollte, die Anziehungskräfte zwischen den chemischen Atomen auf Elektrizität zurückzuführen, wären jene Anziehungsgesetze als volle Kausalgesetze erkannt und aus der Rolle kausaler Grundgesetze verdrängt. In diesem Einnehmen der Stelle kausaler Grundgesetze durch irgendwelche Gesetze spricht sich also nicht ein rein objektiver Befund aus, sondern eine subjektive Grenze unseres menschlichen Erkennens des Objektiven.

Da die kausalen Grundgesetze als Voraussetzungen in allen vollen Kausalgesetzen Aufgabe unseres Erkennens sind, da wir aber nie sagen können, daß wir die wahrhaften kausalen Grundgesetze gefunden haben, so werden diese **kausalen Grundgesetze zur Idee**, zur unendlichen Aufgabe, die zwar nie mit Erkenntnis erfüllt wird, die uns aber zu stetigen Fortschritten in der Erkenntnis führt. Wir haben also bisher ein doppeltes Ideenziel im Begriff des Atoms aufgedeckt: zu fernst und zuletzt die Idee der eigenwüchsigen Voreigenschaften, die vor aller Relation als Grund aller Relation liegen, vor ihnen und gleichfalls in unendlicher Ferne die letzten nicht mehr auf andere Gesetze zurückführbaren Kausalgesetze.

Wie wir von kausalen Grundgesetzen reden, so ist auch von **Grundeigenschaften** zu reden. Und zwar lassen uns die kausalen Grundgesetze zwei Schichten solcher Grundeigenschaften erkennen. Der einen Schicht sind wir schon in den permanenten Atomeigenschaften begegnet. Wir wollen diese auch als **primäre Grundeigenschaften** bezeichnen. Nun besagt ein kausales Grundgesetz: Wenn ein Faktor F auf ein Atom, d. h. auf das Gesamt primärer Grundeigenschaften einwirkt, entsteht am Atom die ermöglichte Eigenschaft W. Etwa: Wenn positive Elektrizität (F) auf ein Elektron (A) wirkt, wird letzteres angezogen (W). Das kausale Grundgesetz begründet auf der Basis primärer Grundeigenschaften ermöglichte Eigenschaften. Nun wissen wir, daß die kausalen Grundgesetze keine angebbare Basis enthalten. Insofern stimmen die ermöglichten Eigenschaften (W) mit den primären Grundeigenschaften überein. Aber wird durch die kausalen Grundgesetze auch nicht bestimmt, wie sie von ihren Bedingungen abhängen, so wird dennoch durch sie bestimmt, daß sie von ihren Bedingungen eindeutig abhängen, nämlich von den primären Grundeigenschaften als dem Atom (A) und dem Faktor F. Insofern sind sie den primären Grundeigenschaften gegenüber sekundär. Wir wollen deshalb diese durch kausale Grundgesetze als Funktionen der primären Grundeigenschaften bestimmten Eigenschaften als **sekundäre Grundeigenschaften** bezeichnen.

Den **ideellen Charakter** der primären Grundeigenschaften haben wir schon im ideellen Charakter der permanenten Atomeigenschaften erkannt. Aber nicht minder ist er den sekundären Grundeigenschaften zuzuerkennen. Das folgt schon daraus, daß diese ja durch die selbst ideellen kausalen Grundgesetze konstituiert sind. Es müssen deshalb immer Eigenschaften Vertreter sekundärer Grundeigenschaften sein, wie wir heute die Anziehung des Elektrons nicht von permanenten Eigenschaften des Elektrons ableiten können. Wohl aber besteht die Aufgabe, sobald einmal exakte Möglichkeiten dazu da sind, diese Ableitung zu versuchen. Aber dann würden wir zu neuen Vertretern der sekundären Grundeigenschaften geführt, die nur Station auf dem Weg zum Weiter-Forschen wären.

Unter den primären konstanten Grundeigenschaften ist in mathematischer Hinsicht noch eine Unterscheidung vorzunehmen. Man hat gesprochen von einem zahlenmäßig konstanten Ladungsquantum oder einem zahlenmäßig konstanten Durchmesser des Atoms (hier, wo es uns nur auf Beispiele für Logisches ankommt, haben wir nicht zu prüfen, ob die Behauptung der Konstanz in diesen Einzelfällen zu Recht besteht). Bei diesen Eigenschaften ist also nicht nur das Dasein der Größenart mit dem Dasein des Atoms konstant verbunden, sondern auch eine bestimmte Einzelgröße dieser Größenart. Nicht nur, daß stets das Atom die bestimmte Eigenschaft wie elektrische Ladung besitzen muß. Es muß auch ein bestimmtes Quantum davon besitzen. Wir bezeichnen solche Bestimmtheiten als **maßkonstante primäre Grundeigenschaften** oder kurz als maßkonstante Grundeigenschaften. Es ist freilich nicht notwendig, daß das bestimmte Maß der betreffenden Eigentümlichkeit von uns auch erkannt sein muß. Als die alte Atomistik noch keine Angaben machen konnte, wie groß ein Atom einer bestimmten Art sei, nahm sie doch an, daß es eine bestimmte Größe besitze. Mit dem Begriff des Atoms ist notwendig auch der Begriff der maßkonstanten Grundeigenschaft verbunden. Das Atom, das nicht mehr Teilbare, muß seine feste Größengrenze haben, unter die es nicht mehr verkleinert werden kann. Maßkonstant ist also die Grundeigenschaft, in bezug auf die es atom ist. Ein stofflicher Atomismus muß dem Massenatom eine konstante bestimmte Massengröße zuschreiben, ein energetischer Atomismus muß dem Dynatom ein permanentes Energiequantum zusprechen. Würden sie das nicht tun, dann hielten sie ihre „Atome“ noch für teilbar, also für keine Atome.

Im Gegensatz zur ersten Gruppe steht nun eine zweite, die der **maßvariablen primären Grundeigenschaften**. Zu ihnen gehören etwa Geschwindigkeit und Bahn. Hier ist wohl das Dasein der Eigenschaft mit dem Dasein des Atoms notwendig verbunden, nicht aber eine einzelne Größe dieser Eigenschaft. Auch der Begriff der maßvariablen Grundeigenschaft ist mit Notwendigkeit im Begriff des Atoms gesetzt. Das Atom soll ja nicht bloß ein starr Bestehendes sein. Es soll vielmehr die Grundlage des Geschehens und der Veränderung abgeben. Da muß es als Grundlage zwar irgendwie Konstanz besitzen. Aber es muß auch in die Veränderung eingehen können. Es muß deshalb an ihm sich ein Wechsel vollziehen können. Dieser Wechsel wird nun durch das Atom in zwei Etappen ermöglicht. Einmal vollzieht er sich durch die maßvariablen Grundeigenschaften. Sie verbinden am engsten mit dem Konstanten. Sie ermöglichen Veränderungen zwar nicht des Konstanten, aber doch im Konstanten, also etwa Veränderungen der ihrem Dasein nach (nicht ihrer Größe nach) permanenten Geschwindigkeit. Die zweite Etappe auf dem Weg zur Veränderung stellen die sekundären Grundeigenschaften dar. Werden durch die maßvariablen Grundeigenschaften Veränderungen i m Konstanten ermöglicht, so werden durch die sekundären Grundeigenschaften Veränderungen a m Konstanten ausgedrückt. Typisch für letztere ist das schon oft erwähnte Beispiel des Auftretens von Anziehung am Elektron. Hier geschieht nicht im Konstanten, sondern am Konstanten eine Wandlung. Freilich kann durch das Geschehen am Konstanten auch eine Änderung im Konstanten bedingt werden, etwa wenn durch die Anziehung die Geschwindigkeit beeinflußt wird.

Nun enthalten auch die maßkonstanten Eigenschaften den Antrieb, über den jeweiligen Wissenschaftsstand hinauszugehen. Wir haben gesehen, wie die maßkonstanten Grundeigenschaften notwendig mit dem Wesen des Atoms zusammenhängen. In der Hinsicht, in der es wahrhaft atom ist, in der hat es sein bestimmtes Maß. Nun aber war der Körper bis zum Atom teilbar. Einerseits konnte sein Volumen in immer kleinere Teile aufgeteilt werden. Und plötzlich soll diese Teilbarkeit umschlagen in Unteilbarkeit.[1]) Man darf zwar nicht aus der stetigen Teilbarkeit des Raums, den ein Körper einnimmt, auf die stetige Teilbarkeit des raumerfüllenden Körpers schließen. Sehr wohl könnte ein Körper eine bestimmte Raumgröße besitzen, ohne weiter geteilt werden zu können, während man einen Raum von der gleichen Größe geteilt denken kann. Räumlich-geometrische und physische Teilbarkeit sind ja nicht identisch. Aber ermöglicht auch die räumliche Teilbarkeit noch nicht den S c h l u ß auf die physische Teilbarkeit, so fordert sie doch immer wieder die F r a g e, ob nicht die physische Teilbarkeit der räumlichen immer weiter folge. Andererseits konnte auch das Energiequantum des Körpers immer weiter geteilt werden. Und auch energetisch soll die Teilbarkeit umschlagen in Unteilbarkeit! Dieses U m - s c h l a g e n d e r T e i l b a r k e i t i n K o h ä r e n z hat noch einen krassen Sonderfall bei den Elektronen.[2]) Gleichartige Elektrizität stößt sich gegenseitig ab. Das Elektron enthält aber gleichartige Elektrizität. Also müßte sie das Elektron zersprengen. Das tut sie aber nicht, und wenn sie es täte, wäre das Elektron nicht atom. Die Abstoßung gleichartiger Elektrizität wird also hier durch Kohärenz überwunden oder ersetzt. Wir verstehen, warum ein solches Umschlagen der Eigenschaften im Atom kommen muß. Aber wir verstehen nicht, warum es gerade hier im Prozeß fortschreitender Verkleinerung der Dinge kommt. Das Denken sieht eine Notwendigkeit zum Haltmachen gerade an dieser Stelle nicht ein. Es will die Einheit fortschreitender Zerlegung wahren. Es will zu immer kleineren Raumgrößen oder Energiegrößen niedersteigen und fragt, ob nicht das Volumen der heutigen Vertreter der Atomdinge noch kleinere Teile enthält, ob es nicht

---

1) Vgl. L i e b m a n n S. 311/12.
2) Vgl. B e c h e r S. 275.

noch kleinere als die angeblich atomalen Energiequanten gebe. So pocht
es an den Schranken der jeweils heutigen Atomauffassung.[1])

Wir sagten am Anfang dieses Kapitels, daß zwei Wege uns zu dem
Problem des Atoms führen. Der eine ging aus von dem Verhältnis der
potentiellen zu den permanenten Eigenschaften. Es war der Weg der kausalen Ableitung. Der zweite Weg, der jetzt zu verfolgen ist, geht aus von
dem Verhältnis gleichzeitiger Eigenschaften, deren keine in ihrem gemeinsamen Zugleichsein Ursache der anderen sein kann. Wir haben zu fragen:
Enthält das Atom notwendig eine Mehrheit zugleichgesetzter
Eigenschaften? Bilden sie eine notwendige Voraussetzung des Gefüges
der Natur?

In dieser Frage enthalten ist die Frage nach der Einheit des Atoms.
Denn insoweit Mehrheit in ihm ist, ist es nicht homogene Einheit, und es
fragt sich, wie diese Mehrheit zur Einheit verbunden sei.

Nun stoßen wir hier auf eine Antinomie. Sie soll zunächst prinzipiell
und ohne Bezugnahme auf den Atomismus klargestellt werden. Es ist die
Antinomie des systematischen Anfangs. Das Denken hat die
Tendenz, in einem System von einem einzigen Ersten auszugehen, von dem
es alle anderen Glieder des Systems abzuleiten strebt. Das Recht dieser
Tendenz ist leicht einsichtig: Würde es eine Mehrheit von Ersten an den
Anfang setzen, so würde sich sofort und mit Recht das Problem ihrer Ein-
heit erheben. Es würde sich fragen, wie das eine Erste zu dem zweiten
Ersten komme, warum und wie es mit diesem verbunden sei. Es ist so not-
wendig, nach dem Prinzip ihres Zusammenschlusses zu forschen. Dieses
Prinzip ihres Zusammenschlusses wäre eine Voraussetzung für sie. Dann
wäre aber dieses Prinzip das Erste und jene Mehrheit schon ein Zweites.
Die Mehrheit am „Anfang" weist also hinter sich zurück auf eine vorher-
gehende Einheit.

Umgekehrt aber ist es nicht möglich, von einer einzigen Bestimmtheit
auszugehen. Denn von ihr kann keine Vielheit abgeleitet werden. Wenn
man diese Ableitung versucht, schleichen sich neben das Erste des angeb-
lichen Ausgangs noch mehr Bestimmtheiten des Ausgangs ein. Selbst
wenn man seinen Ausgang nehmen will von einem „Schaffen" oder „Erzeugen" als Erstem, fragt es sich, wie das Schaffen schafft. Die Art dieses
Schaffens ist noch nicht schlechthin mit dem Schaffen gesetzt. Sie ist eine
zweite Bestimmtheit des Anfangs neben jener. So ist es unmöglich, von
einer einzigen ersten Bestimmtheit auszugehen.

Die Antinomie löst sich, wenn man im Sinne der Antinomienlehre

---

1) Ehrenhaft will solche Unterschreitungen des elektrischen Elementar-
quantums gefunden haben.

Kants einsieht, daß das Einzige des systematischen Anfangs regulative Idee ist, daß die Mehrheit des systematischen Anfangs die Struktur jedes menschlichen, historisch-faktischen Systems bestimmt. Das heißt: Jedes System, was wir Menschen aus dem uns nie ganz gegebenen objektiven Totalen herausschneiden, muß mit einer Mehrheit beginnen, mag dies System nun das einer Einzelwissenschaft oder das der gesamten Wissenschaften sein. Wir können uns aber nicht bei dieser Mehrheit begnügen. Die Idee der Einheit treibt uns weiter. Wir suchen diese Mehrheit als Ergebnis, nicht als Anfang zu betrachten. Wir suchen das Einheitsgesetz dieser Mehrheit, um auf dem Wege zu dieser Einheit — eine neue Mehrheit zu finden. Wir können auch von einem Pluralismus des Anfangs mit zwei Forschungsrichtungen sprechen. Das heißt: Wir Menschen müssen im System mit einer Mehrheit beginnen. Aber von dieser Mehrheit aus weist das Fragen in zwei Richtungen, einerseits nach der Vielheit dessen, was von dieser Mehrheit abhängt, andererseits nach der Einheit, von der diese Mehrheit abhängt. Es ist von der Mehrheit die Vielheit abzuleiten, wie sie selbst von der Einheit her abgeleitet werden soll.[1])

Diese Lehre von der Antinomik des systematischen Anfangs ist auch die Grundlage für die Beantwortung der Einheit-Mehrheit-Frage bei den Atomen. Wir können diese letzte Frage über die Form, in der wir sie oben stellten, noch erweitern. Wir sahen zuerst auf Einheit oder Mehrheit im Atom. Wir müssen aber weiter sehen: Es gibt ein Einheit-Mehrheit-Problem des Atoms und ein Einheit-Mehrheit-Problem der Atome.

Wir sind so sehr an den Gedanken der Vielheit von Atomen gewöhnt, daß wir gar nicht merken, was hier für eine logische Arbeit eingeschlossen ist. In der Geschichte war die Begründung der Lehre von den Atomen durch Leukipp und Demokrit eine keineswegs selbstverständliche Entscheidung innerhalb der Antinomik des systematischen Anfangs. Vorangegangen war eine frühgriechisch-radikale Entscheidung für die Thesis der Antinomie, für die Einheit. Die Eleaten hatten das Sein als Erstes und Einzig-Erstes behauptet. Von ihm war das Mehr und das Weniger ausgeschlossen, es war atom. Aber hier zeigte sich, was wir oben über ein Einziges als systematischen Ausgang sagten. Bloß vom „Sein" war nicht die Fülle des Daseienden abzuleiten. Sobald diese Ableitung energisch versucht wurde, mußte das starre, eine Sein in die Vielheit der Seienden aufgespalten werden. Es ist die Ermöglichung der Veränderung und der Bewegung und der sie tragenden Gesetzlichkeit, welche eine Vielheit der Atome erfordert. Es muß zusammenkommen können, was vorher nicht

---

1) Hierin liegt mit das relative Recht pluralistischer Tendenzen, wie sie Goldstein zusammengefaßt hat.

zusammen war, die vorher getrennten Faktoren des Ursach-Komplexes müssen aufeinander treffen. Und diese Faktoren müssen, um bestimmte Stellen in Funktionen einnehmen zu können, bestimmt, d. h. gegeneinander abgegrenzt sein. So setzt die Naturwissenschaft wesensgemäß eine Vielheit bestimmter, umgrenzter und gegeneinander beweglicher Elementar-Dinge voraus.

Aber hier wird wieder die Idee der Einheit wirksam und die zwei Forschungsrichtungen vom Pluralismus des Anfangs tun sich auf. Von dieser Vielheit der Atome aus soll einerseits die reiche Welt der Natur erklärt werden. Nach der anderen Seite aber verlangt diese Vielheit eine vorausgehende Einheit. Schon als der griechische Atomismus außer den Atomen noch das „Leere" annahm, in dem die Atome sich bewegen und sich treffen, war er auf dem Weg zu einer verbindenden Einheit. Überall dort, wo zu dem verbindenden Raum noch eine stoffliche oder energetische Verbundenheit kommt, wird dieser Weg fortgesetzt. Das geschieht etwa heute dort, wo man versucht, die Elektronen aus dem Äther abzuleiten.

Der Antinomie des Anfangs unterliegt nun nicht nur das Problem der Vielzahl der Atome, sondern auch das Problem der Vielartigkeit der Atome. Damit kommen wir wieder zu dem Eigenschaftsproblem. Der Einheitstendenz folgend könnte man versucht sein, die Atome als gleichartig anzusehen. Aber zur Ermöglichung der Natur hat man immer eine bestimmte Vielartigkeit annehmen müssen. Wir haben heute den Gegensatz von negativen Elektronen und positiven Protonen. Demokrit nahm zwischen den Atomen Unterschiede in Größe, Gestalt, Anordnung an.

Aber für diese verschiedenartigen Atome erhebt sich sofort das Einheitsproblem. Warum besteht gerade diese ganz bestimmte Vielartigkeit, warum keine andere? Läßt sich nicht ein Vorhergehendes finden, von dem aus diese Mannigfaltigkeit ableitbar ist? In der Tat durchzieht die Geschichte der Atomistik auch das Streben nach einem Einheitsgrund für die Vielartigkeit der Atome.[1] In bezug auf das Sosein der Atome hat die Zurückführung der qualitativen Mannigfaltigkeit unserer Sinneswelt auf quantitative Unterschiede der Natur ihre bestimmte Bedeutung.[2] Die Reduktion der sinnlichen qualitativen Verschiedenheiten auf Unterschiede quantitativer Bewegungsgrößen hat noch in anderer Hinsicht als der erkenntnistheoretischen ihren Sinn. Gerade bei Demokrit sind es wohl nicht strukturlogische Erwägungen, wie sie uns hier beschäftigen, sondern offensichtlich erkenntnistheoretische, die ihn die Reduktion rechtfertigen lassen. Aber sachlich und systematisch liefert auch die Strukturlogik einen Rechtsgrund: Muß auch die Vielartigkeit der Atome vorausgesetzt werden,

---

1) Zum Historischen vgl. Laßwitz.
2) Vgl. Ziehens „qualitativen Monismus".

so verlangt die Einheitstendenz ein geringstes Maß an Vielfältigkeit. Wenn die bunte Welt auf die Atome und ihre Verhältnisse zurückgeführt werden soll, so sollen die begründenden Atome als einheitliche Gründe der qualitativen Weltfülle ein geringeres Maß an Mannigfaltigkeit besitzen als diese Welt. Es werden die qualitativ verschiedenen „Elementenatome" (Bauch, Stud. S. 205 ff.) zurückgeführt auf die qualitativ gleichartigen „Massenatome" und schließlich „Dynatome". Mit dem Überschreiten der Grenze vom Qualitativen zum Quantitativen kommt man in einen Bereich, der als solcher ärmer an Mannigfaltigkeit ist.

Für diese Vereinheitlichung des Vielartigen im Sosein gibt es nun eine zweistufige Skala der Standpunkte. Auf der ersten Stufe werden die qualitativen Unterschiede der Sinneswelt vereinheitlicht auf die quantitativen Unterschiede der Atome. Diese Unterschiede sind teils dauernd, teils wechselnd. Wenn Demokrit Differenzen der Größe, der Gestalt, der Anordnung zwischen den Atomen annahm, so bezeichneten Größe und Gestalt dauernde und unaufhebbare Verschiedenheiten. Sie waren mit dem ungewordenen und unvergänglichen Atom unlösbar verbunden. Anders dagegen verhielt es sich mit der Anordnung. Sie war immer wieder wechselnd, je nachdem sich Atome einander näherten oder entfernten. Über diesen Standpunkt muß aber die regulative Idee der Einheit hinaustreiben. Ist wirklich die Annahme dauernder Differenzen der Größe und Gestalt notwendig?

So wird von der Einheitsidee zu einem zweiten Standpunkt geführt, der auch noch die d a u e r n d e n quantitativen Unterschiede der Atome ablehnt. Hier sind die Atome ihren dauernden Eigenschaften nach gleich, Verschiedenheit zwischen ihnen besteht dann nur in den w e c h s e l n d e n quantativen Eigenschaften. Die Natur, nicht die theoretische Erwägung hat die Atomistik diesem zweiten Standpunkt heute näher gebracht: Die Elektronen sind, soweit wir wissen, in ihrem dauernden Bestand einander qualitativ und quantitativ gleichartig. Unterschiede gibt es in der Geschwindigkeit, in der von der Geschwindigkeit abhängigen elektromagnetischen Masse, in der Bahn, in den Verbindungsverhältnissen miteinander; dies alles sind aber variable Eigenschaften. Freilich stehen den Elektronen heute noch die Protonen gegenüber. (Aber auch sie sind nach der Annahme z. B. von N e r n s t nur quantitativ von den negativen Elektronen verschieden.)[1]

Wir haben die Antinomik des systematischen Anfangs bei dem Problem der Atome sowohl ihrer Vielzahl als auch ihrer Vielartigkeit am Werke gesehen. Auf dieser breiteren Basis können wir nun auch der gleichen Antinomik bei dem P r o b l e m d e s A t o m s nachforschen.

---

1) Vgl. Z i e h e n S. 36 ff.

Die prinzipielle Lösung jener Antinomik verlangt eine Mehrheit am Ausgang. Das gilt nun auch hier. In dieser Mehrheit am Anfang soll aber nicht ein Teil vom anderen abhängig sein; denn der abhängige Teil stünde ja nicht mehr am Anfang. In dieser Mehrheit geht also kein Glied dem anderen voran, weder logisch noch zeitlich. D. h. die Lösung der Antinomik des Anfangs verlangt eine Mehrheit zugleichgesetzter Eigenschaften im Atom. Denn gerade von den zugleichgesetzten Eigenschaften ist keine logisch oder zeitlich oder räumlich oder energetisch vor der anderen; von ihnen ist keine auf die andere zurückführbar. Nur von einer letzten Eigenschaft her wären niemals die Fülle der Atombeziehungen und der Aufbau der Körper verständlich. Erst eine Mehrheit letzter Eigenschaften ermöglicht Atomverhältnisse und Atomaufbau.

Diese Mehrheit zugleichgesetzlicher Eigenschaften ist aber nichts anderes als der Inbegriff der primären Grundeigenschaften, deren Wesen ja gerade ist, von keinen anderen Bestimmtheiten mehr abzuhängen. Wir lernten die primären Grundeigenschaften bisher in der vertikalen Gesetzesgefügtheit kennen, d. h. in ihrer funktionalen Beziehung zu den auf ihnen auferbauten Eigenschaften. Nun lernen wir sie in ihrer horizontalen Gesetzesgefügtheit kennen, d. h. in ihrer funktionalen Beziehung zueinander als Nebengeordneten.

Diese letzten Eigenschaften sind also von keinen anderen Eigenschaften, von keiner anderen dinglichen Bestimmtheit mehr abhängig. D. h. aber nicht, daß sie nun auch von keinem Logischen mehr abhängig wären, das ja selber nicht dingliche Eigenschaft ist. Damit sie letzte Eigenschaften sein können, ist ja schon der Begriff des „Letzten“, der Begriff der „Eigenschaft“ vorausgesetzt. Weiter sind sie als Mehrheit von Eigenschaften zugleichgesetzt. Damit ist gesagt: die Mehrheit letzter Atomeigenschaften beruht auf Zugleichgesetzen. Wir können diese in Analogie zu den kausalen Grundgesetzen kontemporäre Grundgesetze nennen.

Diese kontemporären Grundgesetze sind aber nun dreierlei Art. Die ersten können wir als existentiale Grundgesetze der Gleichzeitigkeit bezeichnen. Sie bestimmen ihre Glieder nur ihrem gleichzeitigen Dasein nach, jedoch nicht ihrer Größe nach. Es muß also ein Glied mit dem anderen und das andere mit dem einen verbunden sein. Es können aber mit einem bestimmten Maß des einen Gliedes die verschiedensten Maße des anderen Gliedes verbunden sein. Bei Dasein denken wir dabei nicht an das relativ selbständige Dasein des Dinges, sondern an das Dasein der Bestimmungen am Ding. So sind Bahn und Geschwindigkeit — damit wir nun an Beispielen verdeutlichen — durch existentiales kontemporäres Grundgesetz verbunden. Geschwindigkeit verläuft nur auf einer Bahn. Und Bahn ist nur Bahn durch die Geschwindigkeit auf ihr. So sind beide für das Dasein miteinander verkoppelt. Aber in ihren Maßen sind sie gegeneinander frei. Auf der gleichen Bahn sind die verschiedensten Geschwindigkeiten möglich, der gleichen Geschwindigkeit sind die verschiedensten Bahnen möglich. Bahn und Geschwindigkeit sind zugleichgesetzte Eigenschaften des Atoms, ohne sich in ihren Größen entsprechen zu müssen.

Man könnte meinen, die existentialen Grundgesetze der Gleichzeitigkeit gar nicht als „Gesetz" bezeichnen zu dürfen, da das Naturgesetz eine Zahlverhältnisse bestimmende Funktion sei, hier aber bloß daseinsmäßige Relation bedingt werde. Wir wollen nicht um den Terminus streiten, wenn nur der Sachverhalt deutlich betont und behalten wird. Wir glauben, weniger durch das „Grund" und mehr durch das „existentiale" Unterschiede von den anderen Arten von Naturgesetzen hervorgehoben zu haben. Es wird mathematisch Bestimmtes verbunden, wenn es auch noch nicht in seiner mathematischen Bestimmtheit verbunden wird. Also fügen sich auch diese Gesetze unserer Formel für die allgemeine naturgesetzliche Funktion.

Von den existentialen sind die **halbproportionalen Grundgesetze der Gleichzeitigkeit** zu unterscheiden. Sie konstituieren die Gleichzeitigkeit der Glieder nicht nur ihrem Dasein, sondern auch ihrer Größe nach, doch ihrer Größe nach nicht ausschließlich. Wo das eine Glied ist, da ist auch das andere. Dazu hängt die Größe des einen Gliedes auch von der des anderen ab. Aber sie wird durch die des anderen nicht völlig bestimmt. Sie hängt auch von einem weiteren Faktor oder von weiteren Faktoren ab. Zu einer bestimmten Größe des einen Gliedes können also sehr verschiedene Werte des anderen Gliedes gehören, je nach den wechselnden Werten der weiteren Faktoren, von denen das andere Glied abhängt.

Eine solche halbproportionale Gleichzeitigkeit z. B. beherrscht das Verhältnis zwischen Ladung und Geschwindigkeit des Elektrons. Beides ist in ihm verbunden. Es ist nie ohne Ladung und ohne Geschwindigkeit.[1] Nun sind aber die Werte beider nicht unabhängig voneinander. Vielmehr besteht eine Größenbeziehung zwischen ihnen. Die Größe „Geschwindigkeit" ist eine Funktion, aber keine alleinige Funktion der Ladung. Ein Elektron wird durch ein elektrisches Feld, das sich in seiner ursprünglichen Bewegungsrichtung befindet, gehemmt oder beschleunigt. Die Änderung der Geschwindigkeit ist aber auch abhängig von der Ladung.[2]

---

1) Ev. mit Einrechnung des Wertes = 0 für die Geschwindigkeit.

2) Die Geschwindigkeitsänderung ist $v^2 - v_0^2 = \frac{2Ee}{m}$ wobei E das Potentialgefälle, e die Ladung, m die Masse des Elektrons bedeutet. Vgl. Eucken S. 364.

Das Elektron besitzt zugleich Ladung und Geschwindigkeit. Es besitzt aber mit der Geschwindigkeit zugleich auch eine Bahn. Es gehören demnach Bahn, Geschwindigkeit und Ladung beständig zusammen. Wenn eins mit dem Zweiten notwendig zugleich ist und das Zweite notwendig gleichzeitig mit dem Dritten ist, so ist auch das Erste notwendig gleichzeitig mit dem Dritten. So entsteht eine zugleichgesetzliche Reihe oder besser ein zugleichgesetzlicher Ring. Der zugleichgesetzliche Ring ist die Fundamentalschicht der Eigenschaften. Vor ihr sind keine mehr. Nach ihr sind alle anderen, die der Elektronen, der chemischen Atome, der Moleküle, der Körper und der gewaltigsten Systeme von Körpern.

Von den beiden genannten Arten kontemporärer Grundgesetze zu unterscheiden wären als dritte Art die proportionalen Grundgesetze der Gleichzeitigkeit. Hier wären die Glieder erstens ihrem Dasein nacheinander zugeordnet, so daß keins vor dem anderen und ohne das andere wäre. Zweitens wären sie auch ihrer Größe nach zugleich bestimmt, so daß einem bestimmten Wert des einen Gliedes ein einziger bestimmter Wert des anderen Gliedes kontemporär wäre. Dem Verf. ist in der heutigen Elektronenlehre kein Beispiel dafür aufgefallen. So mögen wir uns ein Beispiel für einen Augenblick aus der alten Atomistik konstruieren. Hier könnte man eine proportionale Gleichzeitigkeit zwischen Raumgröße und Masse annehmen. Die Raumgröße des Atoms wäre nicht ohne die Masse und letztere nicht ohne die erstere. Wir machten weiter die Annahme, daß die Masse in allen Atomen gleichartig sei. Dann hat ein in bestimmterem Maße größeres Atom auch eine entsprechend größere Masse. Bei kleineren Atomen wäre auch die Masse entsprechend kleiner. Man könnte umgekehrt von dem Quantum der Masse auch auf das Quantum des Atomvolumens schließen.[1] Solche proportionalen gleichzeitigen Grundeigenschaften würden natürlich auch zur Fundamentalschicht der Eigenschaften gehören.

In kurzem Rückblick sollen noch einmal maßkonstante und maßvariable Grundeigenschaften bezogen werden auf die Grundgesetze der Gleichzeitigkeit. Die Funktionen, welche die maßkonstanten Eigenschaften untereinander verbinden, sind proportionale Grundgesetze der Gleichzeitigkeit. Sie stellen freilich einen besonderen Fall von letzteren dar. In unserem Beispiel sollten den verschiedenen Atomgrößen verschiedene Gewichte entsprechen. Das proportionale Grundgesetz verband dabei also zwei Reihen von Größen. Hier bei der maßkonstanten Eigenschaft handelt es sich aber nicht um eine Größenreihe sondern um eine einzelne Größe. Werden zwei

---

1) Über die Anschauungen Demokrits hierüber vgl. Windelband, Lehrb. S. 91.

maßkonstante Eigenschaften durch ein proportionales Grundgesetz der Gleichzeitigkeit in Abhängigkeit voneinander gesetzt, so werden dadurch also zwei Einzelwerte verbunden. Wenn man beim Elektron eine konstante Ladung und einen konstanten Durchmesser annimmt, so wären hier zwei maßkonstante Einzelgrößen zugleichgesetzlich verkettet.

Die maßvariablen Eigenschaften können durch alle drei Arten von kontemporären Grundgesetzen verknüpft sein. Ihre Verbindung kann existential-gesetzlich sein. Dann sind sie ihrem Dasein nach verknüpft, aber ihre Masse variieren unabhängig voneinander. Ihre Verbindung kann auch halbproportional-gesetzlich sein. Dann sind sie nicht nur ihrem Dasein nach verknüpft. Auch ihre Maße variieren in Abhängigkeit voneinander. Aber die Maße des einen sind nicht allein von denen des anderen abhängig. Schließlich können sie auch durch proportionale Funktion verwachsen sein; dann verändern sich die Maße des einen entsprechend des anderen und umgekehrt.

Die Brücke zwischen maßkonstanten und maßvariablen Eigenschaften kann sowohl durch Gesetze kontemporärer Existenz als auch durch Gesetze halber Proportionalität gebildet werden, nicht aber durch Gesetze voller Proportionalität. Denn die erste Eigenschaftsgruppe soll ja konstante Maße, die zweite variable Maße besitzen; wie können da ihre Werte proportional sein. Wohl aber ist halbe Proportionalität zwischen den beiden Eigenschaftsgruppen möglich. Von dem konstanten Maß einer Eigenschaft kann das variable Maß einer anderen Eigenschaft zwar nicht allein bedingt, aber mitbedingt sein; die Verschiedenheiten der zweiten Eigenschaft ergeben sich dann aus Verschiedenheiten einer anderen variablen Mitbedingung von ihr. Erst recht natürlich können maßkonstante und maßvariable Bestimmtheiten durch bloß existentiale Zugleichgesetze verbunden sein; denn diese bestimmen ja über die Maße überhaupt nichts.

Wir haben damit eine logische Übersicht über die Mehrheit zugleichgesetzter Grundeigenschaften der Atome und ihre gesetzlichen Grundlagen gegeben. Wir hatten eingangs aus der Antinomik des systematischen Anfangs geschlossen, es müsse eine Mehrheit von Eigenschaften geben, deren keine der anderen logisch vorangeht, die also zugleichgesetzlich sind. Nachdem wir diese Mehrheit in ihren Hauptarten und ihrer Verbindung überblickt haben, werden wir von ihr wieder auf die Antinomik des systematischen Anfangs hingewiesen. Wir müssen anfangen mit einer Mehrheit, einem Ring von Fundamentaleigenschaften. Aber die regulative Idee der Einheit treibt über diese Mehrheit hinaus. Dies Weitertreiben ist nun noch zu verfolgen. Wir sehen hier zwei Möglichkeiten.

Ein Weg des Regressus zu fundamentaleren Stellvertretern des Atomdings hat es mit ermöglicht, von den chemischen Atomen zu den Elektronen zu gelangen. Es kann sein, daß in der irgendwann erreichten Fundamentalreihe oder in den davon bedingten sekundären Eigenschaften sich Widersprüche auftun, daß man also zur Einsicht gezwungen wird, die bisher für Grundeigenschaften gehaltenen Bestimmungen könnten nicht zugleichgesetzlich bestimmt sein; sie könnten nicht demselben Unteilbaren zugleich zukommen. Das war der Fall bei den Spektren von Elementen. Die einzelne Farbe, die im Spektrum sichtbar wird, rührt her von einer Schwingung der Elementarteilchen, wie man zunächst annehmen mußte, der chemischen Atome; und zwar hat diese Schwingung bei einer bestimmten Farbe auch eine ganz bestimmte Größe. Nun zeigen die Spektren der Elemente jeweils aber eine Mehrzahl von Farbenlinien. Das würde voraussetzen, daß das chemische Atom gleichzeitig mehrere Schwingungen von verschiedener Größe ausführt, was unmöglich ist. Wenn die Schwingungen des chemischen Atoms als maßvariable, daseinskonstante Eigenschaft des Atoms angesehen wurde, so hätten ihr einander in Gleichzeitigkeit widersprechende Maße zugesprochen werden müssen. Erklärbar wurde die Erscheinung, sobald man annahm: das chemische Atom bestehe aus noch kleineren Bestandteilen, welche durch verschiedene Schwingungen die verschiedenen Farben des Spektrums bedingten. So hat hier ein Widerspruch in der vermeintlichen Fundamentalreihe mitgeführt zu einer neuen Schicht von Trägern des Atombegriffs.

Ein zweiter Ansporn führt in gleicher Richtung. Dazu müssen wir freilich noch einmal eine Unterscheidung von zwei Gruppen der Fundamentaleigenschaften vornehmen. Die erste Gruppe können wir als wesensnotwendig-zugleich bezeichnen. Für sie ist Zusammengehörigkeit von Geschwindigkeit und Bahn ein Beispiel. Wenn wir nur eine einzige Bewegung oder Geschwindigkeit sehen oder sie uns vorstellen, sehen wir ein, daß notwendig Geschwindigkeit eine Bahn braucht, um Geschwindigkeit zu sein, daß auch Bahn Geschwindigkeit braucht, um Bahn zu sein. (Hier besteht die ideeierende Methode Husserls durchaus zu Recht.) Für ihre Verbindung ist weiter eine transzendentale Begründung möglich; es läßt sich zeigen, wie ihre Verbindung Möglichkeitsbedingung von Natur und Naturwissenschaft ist. So wäre Geschwindigkeit z. B. nicht meßbar, wenn sie nicht ihre Beziehung zur Bahn (und zugleich zur Zeit) hätte. Aber es läßt sich nicht mehr fragen nach einer vorangehenden natürlichen Eigenschaft.

Anders ist es mit der zweiten Gruppe von primären Grundeigenschaften, die wir als empirische Grundeigenschaften bezeichnen können. Hierzu gehört etwa die bestimmte Ladung, welche das Elektron besitzt, der bestimmte Durchmesser des Elektrons. Es läßt sich hier nicht auf gleiche Weise einsehen, daß das Atom diese bestimmte elektrische Ladung haben muß, ja daß es überhaupt eine Ladung haben muß. So war ja beides auch der früheren Atomistik vollkommen unbekannt. Erst Erfahrung hat uns die elektrische Ladung und ihr Maß gelehrt. Sehen wir nicht die Notwendigkeit gerade dieser empirischen Grundeigenschaften ideeierend oder transzendental ein, so müssen wir nach dem Grund dieser Eigenschaften fragen. Wir suchen nach einer fundamentalen Eigenschaft, von der gerade diese abhängen.

Dieses führt uns zu einem letzten, alle anderen tragenden Antrieb zu einem Regressus über die einmal erreichte Reihe von Vertretern der Fundamentaleigenschaften hinaus. Wenn wir diese Reihe sehen und übersehen, so fordert die regulative Idee der Einheit das Suchen nach dem Grund dieser Eigenschaften, nach der einen Eigenschaft, die ihre Verkettung bedingt. Aber auf dem Wege zu dieser Einen findet man wieder eine Mehrheit von Eigenschaften.

Damit soll nicht gesagt sein, daß die exakte Wissenschaft sich dermaßen bewußt unter die regulative Idee der Einheit gestellt habe oder stelle. Ihr Gang muß entscheidend davon abhängig sein, was ihr experimentell oder rechnerisch auf Grund des Experiments auf irgendeinem Entwicklungsstand zugängig ist. Wenn sie bei irgendeinem Vertreter des Atomdings mit seinen Grundeigenschaften steht und nicht durch Versuche ins noch Kleinere eindringen kann, sind in ihr auch alle Fragen müßig, w i e b e schaffen das noch Kleinere sei. Es kann dann sein, daß die derzeitigen Vertreter des Atomdings an irgendeiner Stelle einen Zerfall in noch elementarere Bestandteile aufweisen. Ja es kann sein, daß eine Entdeckung, deren Tragweite für die Naturanschauung zuerst gar nicht gesehen wird, plötzlich die Tür ins noch Kleinere öffnet. Ohne dabei irgendwie eine Analyse des Atoms zu beabsichtigen, entdeckte B e c q u e r e l das strahlende Element Uran; erst dann erwies sich die Strahlung als Atomzerfall. Wenn aber die exakte Wissenschaft sich auf ihre derzeitige Lage besinnt, dann muß sie zu ähnlichen Gedanken über das Atom kommen, wie wir sie entwickelten. Wenn sie sich aber der Antinomik des systematischen Anfangs bewußt ist, dann kann sie um so bereiter sein, Entdeckungen, welche auf das noch Kleinere hinweisen, sofort in ihrer Bedeutung zu erfassen.

Dieses Absetzen eines Gegenstandes aus der Stellung eines Atomdings zugunsten eines anderen, das auch wieder aus dieser Position verschwinden kann, bedeutet freilich kein bloßes Wechseln. Die Erkenntnisse, welche über ein vermeintliches Atomding gewonnen wurden, bleiben zu einem großen Teil bestehen, auch wenn es in seiner Zusammensetzung aus noch kleineren Bausteinen erkannt ist. Die kleineren Bausteine bringen das frühere „Atom" nicht außer Mode. Ganz im Gegenteil: sie dienen zu seiner Erklärung, freilich nicht als eines Atoms, sondern als eines Kompositums,

das in seiner Eigenart erhalten bleibt.[1]) Das Zurückschreiten von einem
Stellvertreter des Atomdings zu einem anderen bedeutet also nicht nur
Bewahren, sondern sogar Begründen alter Erkenntnis unter Erringung
neuer. Wir können nicht sagen, daß wir in fester Erkenntnis das wahrhaft
letzte Atomding haben. Unser Erkennen bleibt in Bewegung und Wander-
schaft. Aber dabei kann es mit dem Forscher-Gott O d i n sagen:

Viel fuhr ich,
Viel erforschte ich.

---

1) So sagt W i n d e r l i c h von den verschiedenen Vertretern des Atomdings,
deren Teilbarkeit eingesehen ist: „Aber es sind wirkliche Einheiten, es sind
Größen, die nicht weiter geteilt werden können, ohne daß sich zugleich mit der
Teilung ihr Wesen ändert." S. 28.

LITERATURVERZEICHNIS

Auerbach, Felix, Das Wesen der Materie. Leipzig 1918.

Bauch, Bruno, Studien zur Philosophie der exakten Wissenschaften. Heidelberg 1911.
— Immanuel Kant. Sammlung Göschen, Bd. 536. Leipzig 1911.
— Immanuel Kant. 3. Aufl. Leipzig-Berlin 1923.
— Das Naturgesetz. Wissenschaftliche Grundfragen, Bd. 1. Leipzig 1924.
— Wahrheit, Wert und Wirklichkeit. Leipzig 1923.

Becher, Erich, Naturphilosophie. Kultur der Gegenwart, III, 7, 1. Leipzig-Berlin 1914.

Bohr, Niels, Drei Aufsätze über Spektren und Atombau. Sammlung Vieweg, Bd. 56. Braunschweig 1922.
— Über den Bau der Atome. 2. Aufl. Berlin 1924.

Bredig, Georg, Denkmethoden der Chemie. Leipzig 1923.

Cassirer, Ernst, Substanzbegriff und Funktionsbegriff. 2. Aufl. Berlin 1923. (Zit. nach der ersten Aufl.)
— Zur Einsteinschen Relativitätstheorie. Berlin 1921.

Cohen, Herm., Logik der reinen Erkenntnis. 2. Aufl. Berlin 1914.

Cornelius, Hans, Transzendentale Systematik. München 1916.
— In Philosophie der Gegenwart in Selbstdarstellungen. Bd. II, Leipzig 1921.

Driesch, Hans, Philosophie des Organischen. 2. Aufl. Leipzig 1921. (Zitiert nach der ersten Aufl.)
— Ordnungslehre. 2. Aufl. Jena 1923.

Ehrenhaft, Felix, Zur Physik des millionstel Zentimeters. Physikal. Zeitschr., Bd. 18. 1917.

Eucken, Arnold, Grundriß der physikalischen Chemie. 2. Aufl. Leipzig 1924.

Gehrke, Ernst, Der Formalismus in der Relativitätstheorie. Beitr. z. Philos. d. dtsch. Idealismus, Bd. III, S. 52.

Goldschmidt, Viktor, Über Harmonie und Komplikation. Berlin 1901.

Goldstein, Julius, Wandlungen in der Philosophie der Gegenwart. Leipzig 1911.

Grätz, Leo, Die Atomtheorie in ihrer neuesten Entwicklung. 3. Aufl. Stuttgart 1921.

Haecker, Valentin, Entwicklungsgeschichtliche Eigenschaftsanalyse (Phänogenetik). Jena 1918.

Herz, W., Leitfaden der theoretischen Chemie. Stuttgart 1923.

Hönigswald, Richard, Beiträge zur Erkenntnistheorie und Methodenlehre. Breslauer Hab.-Schrift. 1906.
— Zum Begriff des Atoms. Festschrift für Paul Natorp. Berlin-Leipzig 1924.

Kant, Immanuel, Kritik der reinen Vernunft. (Zit. nach 2. Aufl.)
— Kritik der Urteilskraft.

Kneser, Adolf, Mathematik und Natur. 3. Aufl. Breslau 1918.

Lask, Emil, Die Logik der Philosophie und die Kategorienlehre. Gesammelte Schriften, Bd. 2. Tübingen 1924.

Laßwitz, Kurt, Geschichte der Atomistik vom Mittelalter bis Newton. Hamburg 1890.

Liebmann, Otto, Zur Analysis der Wirklichkeit. 4. Aufl. Straßburg 1911.

Linck, Gottlob, Grundriß der Kristallographie. 5. Aufl. Jena 1924.

Lotze, Hermann, Logik. Philosoph. Bibl., Bd. 141. Leipzig 1912.

Mach, Ernst, Erkenntnis und Irrtum. 4. Aufl. Leipzig 1920.

Mie, Gustav, Das Wesen der Materie. I. Moleküle und Atome. Aus Natur und Geisteswelt, Bd. 58. Leipzig 1919.

Natorp, Paul, Die logischen Grundlagen der exakten Wissenschaften. Wissenschaft und Hypothese, Bd. XII. Leipzig 1910.

Planck, Max, Physikalische Rundblicke. Leipzig 1922.

— Vom Relativen zum Absoluten. Leipzig 1925.

Plate, Ludwig, Selektionsprinzip und Probleme der Artbildung. 4. Aufl. Leipzig-Berlin 1913.

Rickert, Heinrich, Kulturwissenschaft und Naturwissenschaft. 5. Aufl. Tübingen 1921.

— Die Grenzen der naturwissenschaftlichen Begriffsbildung. 4. Aufl. Tübingen 1921.

Riehl, Alois, Robert Mayers Entdeckung und Beweis des Energieprinzips. In Philosoph. Abhandl. Christoph Sigwart gewidmet. Tübingen 1900.

Siemens, Hermann, Einführung in die allgemeine und spezielle Vererbungspathologie des Menschen. 2. Aufl. Berlin 1923.

Sigwart, Christoph, Logik. 4. Aufl. Tübingen 1911.

Sommerfeld, Arnold, Atombau und Spektrallinien. 4. Aufl. Braunschweig 1924.

Verworn, Max, Kausale und konditionale Weltanschauung. 2. Aufl. Jena 1918.

Wien, Wilh., Aus der Welt der Wissenschaft. Leipzig 1921.

Wiener, Otto, Das Grundgesetz der Natur und die Erhaltung der absoluten Geschwindigkeit im Äther. Abhandl. d. sächs. Akad. d. Wiss. Math.-Phys. Kl., Bd. XXXVIII. Leipzig 1921.

Windelband, Wilhelm, Präludien. 4. Aufl. Tübingen 1911.

— Geschichte der neueren Philos. 5. Aufl. Leipzig 1911.

— Lehrbuch der Geschichte der Philos. 7. Aufl. Tübingen 1916.

Winderlich, R., Das Ding. Teil I. Das Ding in den Naturwissensch. Wissen und Wirken, Bd. 15. Karlsruhe 1925.

Wundt, Wilhelm, Die Prinzipien der mechanischen Naturlehre. Stuttgart 1910.

Ziehen, Theodor, Grundlagen der Naturphilosophie. Wissenschaft und Bildung, Bd. 182. Leipzig 1922.

Zschimmer, Eberhard, Philosophie der Technik. 2. Aufl. Jena 1919.

NACHBEMERKUNG.

Nach Beendigung vorliegender Schrift hat der Verf. in einem Aufsatz „Über Einordnungen des Begriffs" (Beitr. z. Philos. d. deutsch. Idealismus. Bd. IV. Erfurt 1926) den Gegenstand von einer anderen Seite her untersucht. Es werden dort u. a. die Fragen behandelt, wie sich die Stellung eines Gesetzes im Begriff eines Dinges verhalte zum Gesamtumfang dieses Gesetzes, wie sich die Verbindung mannigfaltiger Gesetze in solchem Begriff verhalte zu der systematischen Ordnung dieser Gesetze, auf welche Weisen verschiedene Gesetze sich im Begriff verbinden können. Von den dabei gewonnenen Grundlagen aus wird dann die Einbeziehung des Dings und seines Begriffs in seine Gattung erörtert.